페터 춤토르
건축을
생각하다

Peter Zumthor, Architektur Denken
Copyrights ⓒ 3rd edition 2010 Birkhäuser Verlag GmbH, Basel
ⓒ Texts: Peter Zumthor, Haldenstein
ⓒ Photographs: Laura Padgett, Frankfurt/Main, taken in the Zumthor residence, July 2005
Layout and Cover: Hannele Grönlund, Helsinki

All rights reserved.
No part of this publication may be used or reproduced
in any manner whatever without the written permission except in the case of
brief quotation embodied in critical articles or reviews.

Korean Translation Copyrights ⓒ 2013 by Thoughts of a Tree Publishing Co.
Korean edition is published by arrangement with Birkhäuser Verlag GmbH, Basel
through BC Agency, Seoul

이 책의 한국어판 저작권은 BC에이전시를 통한 저작권사와의 독점 계약으로 나무생각에 있습니다.
저작권법에 의해 보호를 받는 저작물이므로 무단 전재와 복제를 금합니다.

With the support of the Swiss Arts Council Pro Helvetia
이 책은 스위스 예술위원회 프로헬베티아 번역 지원금을 받았습니다.

페터 춤토르
건축을 생각하다

글 페터 춤토르
옮김 장택수 감수 박창현

나무생각

사물을 보는 방식	7
아름다움의 핵심	29
사물을 향한 열정에서 사물 자체로	39
건축의 몸	53
건축의 교육과 학습	65
아름다움은 형태가 있는가?	71
실체의 마법	83
경관 속의 빛	89
건축과 경관	95
라이스 주택	103

사물을 보는 방식

잃어버린 건축을 찾아서

건축을 생각하면 우선 이미지들이 떠오른다. 내가 지금까지 공부하고 건축가로 일하면서 만난 많은 이미지들은 서로 연결되어 있다. 그 이미지 중에는 내가 그동안 쌓은 건축에 대한 전문 지식도 포함된다. 개중에는 내 어린 시절의 이미지도 있다. 건축에 대한 생각 없이 건축을 경험하던 시절이 있었다. 예를 들면 문의 손잡이를 보고 숟가락을 거꾸로 한 모양 같다고 생각한 경우가 그러하다.

이모 집 정원에 숟가락을 닮은 손잡이가 있었다. 그 손잡이는 마치 분위기가 전혀 다르고 색다른 향기가 가득한 세계로 들어가는 특별한 출입구의 상징과 같았다. 발아래로 들리는 자갈 소리, 왁스칠을 한 오크재 계단의 은은한 광택, 집으로 들어가면 무거운 문이 닫히는 소리, 어두운 복도, 집 안에서 유일하게 불이 켜 있던 부엌. 이 모두가 지금도 내 기억 속에 존재한다.

생각해 보면 이모의 부엌은 어둠이 내려앉은 뒤에도 천장이 어둠 속으로 사라지지 않는 유일한 공간이었다. 조그만 육각형 타일이 틈이 보이지 않을 만큼 촘촘히 깔린 검붉은 바닥은 어찌나 단단한지 내 두 발에는 꿈쩍도 하지 않았다. 부엌 찬장에서는 유성페인트 냄새가 났다.

그야말로 전형적인 평범한 부엌이었다. 전혀 특별할 게 없었다. 그런데도 부엌이 그토록 특별하게 느껴진 까닭은 내 머릿속에 사라지지 않는 기억으로 자연스레 각인된 추억의 장소이기 때문이다. 이모의 부엌이 지닌 분위기는 내가 생각하는 부엌의 이미지와 긴밀히 연결되어 있다. 이모의 정원 입구에 있는 손잡이와 그 외 다양한 손잡이들, 땅과 바닥, 햇살을 받아 따뜻하고 부드러운 아스팔트, 밤나무 잎으로 가득 덮인 판석, 닫는 방법도 다양한 여러 가지 문들. 웅장하고 위엄 있는 문, 달그락거리는 얇은 문, 쉽게 열리지 않도록 굳게 닫힌 고압적인 문……. 내 기억 속의 이미지들을 말하자면 끝이 없다.

이런 기억들은 내가 아는 가장 심오한 건축적 경험이다. 기억은 건축 작업을 할 때마다 참고하는 건축적 분위기와 이미지의 저장고이다.

나는 건물을 설계할 때 이제는 시간이 흘러 어렴풋해진 기억 속에 잠길 때가 종종 있다. 기억 속의 건축적 상황이 실제로 어떠했는지, 당시 나에게 어떤 의미가 있었는지를 회상하며 각기 독특한 장소와 형태를 가진 여러 사물이 만들어내는 그 활기찬 분위기를 어떻게 하면 현실로 부활시킬지를 고심한다. 분명한 형태가 떠오르지는 않지만 생각할수록 '어디서 본 적이 있다'는 느낌이 드는 때가 있다. 한편 '완전히 새롭고 다르다'는 생각이 드는 때도 있다. 그것은 기억의 저장고에 자리 잡은 인상을 떠올릴 수 있는 건축물이 전혀 없는 경우이다.

건축의 소재

요제프 보이스의 작품과 아르테 포베라Arte Povera 운동에 속한 작가들의 작품은 나에게 깊은 영감을 준다. 가장 인상적인 점은 소재를 사용하

는 그들의 정확하고도 감각적인 방식이다. 그들은 인간의 물질 사용에 대한 고대의 기초 지식에 기반을 두고 문화적으로 전달되는 의미를 초월하여 각 소재의 본질을 정직하게 드러낸다.

나도 동일한 방식으로 소재를 사용하려고 노력한다. 건축 오브제의 차원에서 볼 때 소재에는 시적인 속성이 있다. 소재 자체가 시적인 것은 아니고 건축가가 각 소재에 의미 있는 상황을 부여하는 경우에 그렇다. 내가 소재에 주입하고자 하는 감각은 모든 구성의 원칙을 뛰어넘는다. 소재가 가진 유형성, 냄새, 음향적 특성은 우리가 사용하는 언어적 요소에 불과하다. 설계한 건물에서 특정 소재의 특정한 의미를 성공적으로 도출했을 때, 다시 말해서 이 건물은 오직 이렇게만 이해될 수 있다는 의미를 전달했을 때, 감각이 표출된다.

이 목적을 달성하려면 사용된 소재가 특정한 건축적 맥락에서 갖는 의미를 끊임없이 질문해 봐야 한다. 그 의문에 해답을 찾는다면 소재가 일반적으로 사용되는 방식과 그 소재에 내재된 감각적 특성을 새롭게 조명할 수 있다.

그 결과 건축에 사용된 소재들은 더욱 빛을 발하고 활기를 찾는다.

대상 이면의 수고

요한 제바스티안 바흐의 음악은 종종 '건축'에 비견된다. 바흐의 음악은 구성이 명확하고 투명하다. 물론 세부 요소가 전체를 이루는 법이지만 선율, 화음, 리듬에 집중해도 전체 구성의 느낌을 잃어버리지 않는다. 바흐의 음악은 분명한 구조 위에 세워져 있다. 마치 음악이라는 천에서 실 한 가닥 한 가닥을 따라가면 그 음악의 구조를 지배하는 규칙들을 알 수 있는 것과 같다.

시공이란 여러 요소로 의미 있는 전체를 만드는 행위를 말한다. 건물은 실체가 있는 대상을 건설하는 인간의 능력을 보여주는 증거물이다. 나는 모든 건축물의 핵심은 시공 행위에 있다고 믿는다. 실체가 있는 재료들을 조립하고 세울 때 우리가 바라던 건축이 현실 세계의 일부가 된다.

나는 장인들과 엔지니어들이 가진 능력, 즉 결합의 기술을 존경한다. 인간 재능의 바탕에 있는 물건을 만드는 지식은 나를 감동시킨다. 나는 그 지식에 걸맞은, 가치가 있고 그 재능에 도전할 만한 건물을 설계하려고 노력한다.

누군가가 신경 써서 만든 작품에 들인 노력과 재능이 느껴질 때 우리는 "많은 공을 들였다"고 말한다. 그러나 작품 자체를 업적의 핵심으로 보는 시각은 예술작품이나 건축물의 가치에 대한 생각을 크게 제한한다. 우리가 쏟은 노력과 재능이 우리가 만든 작품의 일부로 깃들었는지 생각해야 한다. 나는 음악, 문학, 미술에 감동하듯이 건축물에 감동을 받을 때면 문득 건축가의 수고와 재능이 건축의 일부가 되었는지를 생각해 본다.

수면의 침묵을 위하여

나는 음악을 사랑한다. 모차르트 피아노 협주곡의 느린 악장들, 존 콜트레인의 발라드, 노래하는 가수의 목소리. 이 모두가 나를 감동시킨다.

멜로디, 화음, 리듬을 고안하는 인간의 능력은 참 놀랍다. 소리의 세계는 멜로디, 화음, 리듬의 차이를 포용한다. 소리에는 불협화음, 리듬 분절, 소리의 단편과 집합이 있으며 우리가 소음이라고 부르는 전적으로 기능적인 소리가 있다. 현대음악은 이러한 요소들로 구성된다.

현대건축 역시 현대음악처럼 급진적이지만 한계가 있다. 부조화, 파편화, 리듬의 분절, 집단화, 구조적 파괴에 근거한 건축물도 메시지를 전달할 수 있겠으나 그 의미를 이해하는 순간 우리는 호기심을 잃고 건축물의 실용성을 의심하게 된다.

건축에는 그 나름의 영역이 있으며 삶과 특별한 물리적 관계를 가진다. 나는 건축을 메시지나 상징이라고 생각하지 않는다. 건축은 내부와 주변의 삶을 담는 봉투이자 배경이며 바닥에 닿는 발자국의 리듬, 작업의 집중도, 수면의 침묵을 담는 예민한 그릇이다.

예정된 약속들

건축은 최종적으로 시공된 형태로 물화된 세계에서 한 자리를 차지한다. 그곳이 건축이 존재하는 장소이자 자기 목소리를 내는 장소이다. 아직 실현되지 않은 건축물에 대한 묘사는 무언가에 대해 자기 목소리를 내려는 시도이다. 그 건축물은 그것이 예정된 세계에서 아직 자리를 찾지 못했다.

건축 드로잉은 해당 건물이 들어설 장소에서 뿜어낼 아우라를 최대한 정확하게 표현해야 한다. 그러나 정확히 묘사하려는 시도는 종종 실제 대상의 부재를 부각시킨다. 오히려 건물이 약속하는 실체에 대한 묘사와 관심이 얼마나 부적당한가를 인식하게 된다. 그 약속에 우리를 감동시킬 힘, 곧 건물의 실현을 향한 열망이 있는지를 고민하게 된다. 건축적 묘사가 지극히 자연스럽고 세밀하게 완성되어 그 드로잉을 보는 사람의 상상력과 호기심이 파고들 여지가 별로 없다면 우리의 열망도 묘사에서 그치고 만다. 또한 드로잉에 표현되지 않은 사실이 거의 또는 아예 없기 때문에 드로잉의 실현에 대한 열망도 시들해진다. 결국 드로잉은 약속을 간직하지 못하고 하나의 그림으로 전락한다.

미래에 존재하는 현실을 담는 디자인 드로잉은 내 작업에 있어서 중요하다. 내가 찾는 주요 분위기가 표현될 때까지 나는 계속 드로잉에 전념하다가 불필요한 요소들이 디자인을 손상시키기 시작할 때 드로잉을 중단한다. 드로잉에는 내가 추구하는 대상의 특성이 반드시 드러나야 한다. 드로잉은 조각품을 만드는 조각가의 스케치처럼 단순히 아이디어를 끄적인 그림이 아니라 시공된 건축으로 끝나는 창조 작업의 필수 요소이다.

이런 종류의 드로잉을 보면 아직 존재가 완성되지는 않았지만 조금씩 드러나기 시작한 대상을 한 걸음 물러나서 바라보며 음미하게 된다.

결합된 물체 사이의 틈

건물은 인공적인 구조물이다. 건물은 서로 결합되어야 하는 단일 부품으로 구성된다. 완성된 결과물의 품질은 접합부의 품질로 결정된다.

전통적으로 조각은 전체 형태를 위해 개별 요소의 결합과 연결의 표현을 최소화한다. 리처드 세라의 철재 조형물은 전통 조각가들의 석재나 목재 조각처럼 일체적이고 균일해 보인다. 1960~1970년대 작가들의 설치작품과 조각품은 결합과 연결이라는 단순하고 빤한 방법에 의존한다. 보이스, 메르츠 같은 작가들은 공간, 엉킨 전선, 주름진 천, 다수의 레이어처럼 혼란스러운 세팅에서 개별 요소로 하나의 형태를 완성한다. 다양한 오브제가 각자의 모습을 나타내도록 직접적으로 표현하는

매우 흥미로운 작품들이다. 작은 요소들이 전체 작품의 메시지와 상관없는 소리를 내어 전체 인상을 방해하는 경우는 없다. 불필요한 디테일이 전체에 대한 이해를 방해하지도 않는다. 모든 촉감, 연결, 결합이 작품의 조용한 존재감을 더욱 부각시킨다.

나는 건물을 설계할 때 이런 존재감을 부여하려고 노력한다. 다만 조각가들과 달리 나는 건물의 기능과 기술적 요건이라는 목표에서 출발한다. 건축은 언제나 무수한 디테일, 다양한 기능과 형태, 소재, 치수에서 전체를 완성해야 하는 도전에 직면한다. 건축가는 모서리와 이음부를 비롯하여 서로 다른 면이 교차하고 서로 다른 소재가 만나는 지점에 합리적인 시공과 형태를 찾을 의무가 있다. 이런 형식적인 디테일은 전체 건물에서 민감한 변화를 만든다. 디테일은 공식적인 리듬, 즉 세밀히 분할된 구조를 만든다. 디테일은 적절한 지점에서 설계의 기본 아이디어가 요구하는 것, 예를 들면 결합 또는 분리, 긴장감 또는 가벼움, 마찰, 견고함, 취약성 등을 표현한다.

성공적인 디테일은 장식으로만 머무르지 않는다. 시선을 자극하거나 눈에 거슬리지 않고 오히려 자신이 속한 전체에 대한 이해로 인도한다. 모든 완성된 독립 창조물은 마법 같은 능력을 지닌다. 우리는 발달이 완전히 끝난 건축이 지닌 마법에 쉽게 넘어간다. 낡은 계단의 철판을 지탱하는 두 개의 못과 같은 디테일은 우리의 관심을 사로잡는다. 어쩌면 처음 느껴보는 감정이다. 여러 감정이 교차한다. 무언가가 마음을 움직인다.

상징의 이면

실용주의자들은 "모든 것이 가능하다"라고 말한다. 건축가 로버트 벤

투리는 "복잡하고 요란하지만 메인 스트리트도 괜찮지 않은가?"라고 했다. 그러나 이 시대의 가혹함에 시달린 사람들은 "더 이상 그렇지 않다"고 말한다. 이런 의견들은 모순처럼 들리지만 분명한 사실이다. 우리는 모순 속에 사는 일에 익숙하다. 여러 가지 원인이 있지만 전통이 무너지면서 문화 정체성도 함께 무너졌기 때문이다. 정치와 경제가 만들어낸 역학관계를 제대로 이해하고 통제하는 사람은 드물다. 모든 것이 다른 모든 것과 통합된다. 매스 커뮤니케이션은 인공적인 상징의 세계를 만든다. 그곳에는 자의성이 만연하다.

포스트모던의 삶은 각 개인의 삶 너머의 모든 것이 모호하고 흐릿하며 비현실적으로 보이는 상태라고 설명할 수 있다. 상징과 정보가 가득하며 그것들을 온전히 이해하는 사람은 없다. 그 상징과 정보 역시 또 다른 것들의 상징이기 때문이다. 진짜는 숨어 있다. 아무도 진짜를 본 적은 없다. 사라질 위기에 있을지도 모르지만 나는 진짜가 분명히 존재한다고 확신한다. 땅, 물, 햇볕, 경관, 식물, 인간이 만든 물체, 기계, 공구, 악기는 분명히 존재한다. 예술적 메시지를 위한 도구가 아니라 그 자체로 존재하며 각각이 분명한 존재감을 지닌다.

서로 조화를 이루는 것처럼 보이는 대상이나 건물들을 볼 때 우리의 지각은 차분히 가라앉고 둔해진다. 우리가 지각하는 대상들은 메시지를 전하기 위해서가 아니라 그냥 그곳에 존재한다. 우리의 지각력은 점차 진정되고 편견과 집착을 버린다. 이제 지각은 상징과 기호를 넘어선다. 우리의 지각은 열려 있고 비어 있다. 의식을 집중하지 않고 무언가를 보는 상태이다.

이런 지각의 진공 상태에서 기억이 떠오른다. 그 기억은 오랜 시간의 깊이에서 튀어나온다. 이제 우리는 대상을 보면서 그 대상 전체가 주는 느낌까지 받아들인다. 이해되지 않는 것은 없기 때문이다.

에드워드 호퍼의 그림이 말하듯이 일상의 평범한 것 속에도 능력이 있다. 다만 그것을 보려면 충분히 오래 응시해야 한다.

경관의 완성

건물의 존재에는 비밀이 있다. 물론 건물은 그저 그 자리에 있을 뿐이다. 우리는 건물에 특별한 관심을 보이지 않는다. 하지만 건물이 서 있는 자리에 그 건물이 없는 모습을 상상할 수 있는가? 이런 건물들은 땅속으로 굳게 뿌리를 내린 듯하다. 완전히 주변 환경의 일부가 되었다는 인상과 함께 이런 메시지를 전한다. "나는 당신이 보는 모습 그대로다. 나는 이곳에 속해 있다."

나는 시간이 흐르면서 자연스럽게 그 장소의 형태와 역사의 일부가 되는 건물을 설계하고 싶은 마음이 크다. 모든 새로운 건물은 특정한 역사적 상황에 개입한다. 그 개입의 정도를 높이려면 기존 상황과 의미 있는 대화를 할 수 있는 속성을 새 건물에 부여해야 한다. 이미 존재하는 것을 우리가 새로운 시각으로 볼 때 그 개입은 성공이다. 돌을 연못에 던지면 모래에 소용돌이가 일다가 가라앉는다. 돌은 소용돌이가 있어야 제자리를 찾는다. 이제 연못은 더 이상 이전과 같지 않다.

건물이 다양한 방법으로 우리의 감정과 생각에 호소할 수 있을 때 그 건물은 주변 환경에 수용될 수 있다. 우리의 감정과 이해는 과거에 뿌리를 두고 있기 때문에 건물과의 감각적인 교감은 기억의 프로세스에 바탕을 두고 일어난다.

영국의 미술 비평가 존 버거는 우리의 기억은 직선의 끝이 아니라고 했다. 기억 행위는 다양한 가능성과 만난다. 이미지, 분위기, 형태, 단어, 상징, 비교 등 다양한 접근 방식이 가능하다. 방사형 접근 시스템을 구축하여 건축을 역사·미학·기능·개인·열정 등 여러 각도에서 동시에 관찰할 필요가 있다.

내부의 긴장

건축가가 작업하는 여러 도면 중에서 나는 실시설계도면이 가장 좋다. 실시도면은 상세하고 객관적이다. 상상 속의 대상을 물질의 형태로 만드는 시공자들을 위해 완성되는 실시도면에는 조작이 있을 수 없다. 다른 프로젝트 도면처럼 좋은 인상과 확신을 주려는 노력이 들어가지 않는다. 실시도면은 마치 이렇게 말하는 듯하다. "이것이 건물의 최종 모습이다."

실시도면은 해부도와 비슷하다. '완성된 건축'이라는 몸이 선뜻 보이고 싶지 않은 비밀스러운 내부의 긴장을 표출한다. 예를 들면 결합의 기술, 보이지 않는 기하학, 소재의 마찰, 지지력과 내구성 등 내부의 힘, 인간이 만든 물건에 내재된 인간의 수고가 있다.

덴마크 화가 페르 키르케뷔가 카셀 도큐멘타에서 집의 형태로 된 벽돌 작품을 선보였다. 작품은 입구가 없고 접근 불가능한 내부 역시 숨겨져 있었다. 이 비밀스러운 면모는 작품의 여러 특성 위에 신비로운 아우라를 부여했다.

나는 드러나지 않는 구조와 시공이 건물이라는 몸에 내적 긴장과 진동을 부여해야 한다고 생각한다. 완성된 바이올린을 생각해 보라. 바이올린을 보면 다양한 생명체가 생각난다.

뜻밖의 진실

어린 시절 내가 생각했던 시는 은유와 비유가 다소 산만하게 어우러진 유색의 구름이었다. 즐겁게 읽을 수는 있지만 세상에 대한 신뢰할 만한 관점으로 보기는 어려웠다. 건축가가 된 지금에 와서 생각해 보면, 어린 내가 정의 내렸던 시의 개념과 정반대되는 개념이 오히려 진실과 가까운 듯하다.

다양한 형태와 내용물로 구성된 건축물이 우리에게 영향을 줄 정도로 강한 분위기를 만든다면 해당 건물은 예술작품의 자질을 보유했다고 할 수 있다.

그러나 여기서 말하는 예술이란 흥미로운 배치나 독창성과는 무관하다. 오히려 통찰과 이해, 무엇보다도 진실과 관련이 깊다. 시는 '뜻밖의 진실'이다. 시는 고요함 속에 산다. 건축의 예술적 사명은 이 고요함에 형태를 부여하는 것이다. 건물 자체는 전혀 시적이지 않다. 그러나 우리가 전에는 미처 깨닫지 못한 것을 어느 순간 갑자기 깨닫게 하는 묘한 특성을 가진다.

욕구

건축 작업을 명확하고 논리적으로 발전시키려면 합리적이고 객관적인 기준이 필요하다. 순간적으로 떠오른 주관적인 생각들을 설계라는 객관적인 프로세스에 대입할 때 개인의 감정이 중요한 의미를 지닌다.

건축가들이 자신이 설계한 건물에 대해 하는 말을 들어보면 건물 자체가 전하는 말과 상충될 때가 있다. 건축가들은 건물에 대해 자신이 고심한 합리적인 측면에 대해서는 말을 많이 하지만 그 뒤에 있는 비밀스

러운 열정에 대해서는 말을 아낀다.

설계 프로세스는 감정과 이성의 끝없는 상호작용에 기반한다. 자연스럽게 떠오른 감정, 취향, 열망, 욕구 또는 형태를 만들어야 한다는 요구는 추론이라는 비판력에 통제받는다. 추상적 사고에 현실성이 있는지를 알려주는 것은 우리의 감정이다.

설계는 질서의 체계에 대한 이해와 구축에 근거하는 부분이 많다. 그러나 우리가 추구하는 건축의 필수적인 본질은 감정과 통찰에서 비롯된다. 직관이라는 귀중한 순간은 꾸준한 작업에서 나온다. 갑자기 출몰한 내면의 이미지 때문에 설계에 새로운 선이 하나 추가되면 설계 전체가 달라진다. 한순간에 새로운 형태가 나온다. 강력한 약이 갑자기 효능을 발휘하는 것과 비슷하다. 내가 지금 창조하는 대상에 대해서 이전까지 알았던 모든 사실이 전혀 새로운 빛의 홍수에 침몰된다. 기쁨과 열정 속에서 내 속의 깊은 무언가는 이런 확신을 준다.

"이 집을 짓고 싶다."

공간의 구성

기하학은 공간 안에 있는 선, 평면, 3차원 물체의 법칙에 대한 것으로 건축에서 공간을 다루는 방법을 이해하는 데 도움을 준다.

건축의 공간 구성에는 기본적으로 두 가지 가능성이 존재한다. 첫째, 내부로 공간을 고립시키는 폐쇄적인 건축, 둘째, 무한히 연속적으로 연결된 공간을 포용하는 개방적인 건축이다. 공간의 확장은 방이라는 넓은 공간에 슬래브나 기둥 같은 요소를 임의로 또는 일렬로 배열함으로써 가시화된다.

나는 공간이 무엇인지 안다고 말하지는 않겠다. 공간이란 생각하면 할수록 미스터리다. 다만 이것 하나는 확실하다. 우리 건축가들이 다루는 공간은 지구를 둘러싼 무한함의 극히 작은 일부에 불과하지만 각각의 건물은 그 무한함에 유일무이한 흔적을 남긴다.

나는 그런 생각으로 평면과 단면을 스케치한다. 다이어그램과 단순한 매스들도 그려본다. 나는 공간에 속한 객체로서 공간들을 최대한 정확하게 시각화하려고 노력한다. 내부 공간과 그 공간을 둘러싼 공간이 각각 어떻게 정의되고 분리되는지, 일종의 빈 그릇이라고 할 수 있는 무한히 연속적인 공간 속에서 내가 설계한 공간이 어떻게 한 부분으로 속하는지를 정확히 감지하는 것이 중요하다.

강한 영향력을 발산하는 건물들은 언제나 강렬한 공간적 느낌을 전달한다. 공간이라는 신비로운 보이드를 특별한 방식으로 포용하여 공간을 움직인다.

상식

설계는 발명이다. 예술학교에 다니던 시절 우리는 이 원칙을 따르려고 노력했다. 모든 문제에 대해 새로운 해결책을 찾으려고 했다. 우리는 아방가르드한 것을 중요하게 생각했다. 나중에 알고 보니 확실한 해결책이 존재하지 않는 건축적 문제는 극히 소수였다.

지금 생각해 보면 내가 받은 설계 교육은 비역사적이었다. 우리의 역할 모델은 새로운 건축양식의 선구자들과 발명가들이었다. 우리는 건축사를 설계 작업에 별로 소용없는 일반 교육이라고 생각했다. 그래서 우리가 발명한 것은 이미 발명된 것인 경우가 많았다. 발명이 불가능한 것을 발명하려고 노력한 것이다.

건축사를 비롯한 설계 관련 교육은 나름의 교육적 가치를 갖고 있다. 학교를 졸업하고 건축가로 활동하다 보면 건축의 역사에 담긴 지식과 경험의 무한한 보고와 친숙해진다. 그 역사의 보고를 작업과 결합시킬 때 진정한 우리만의 것을 만들 가능성이 높다.

그러나 건축은 건축사에서 새로운 건물로 논리적으로 직접 연결되는 일차원적인 과정이 아니다. 머릿속으로 건축을 떠올리다 보면 종종 숨 막힐 듯 공허한 순간이 찾아온다. 내가 원하는 것과 전혀 다른 것만 생각나거나 아예 아무것도 떠오르지 않는다. 그럴 때는 내가 습득한 모든 학문적 건축 지식을 떨쳐버리려고 노력한다. 나도 모르게 나를 붙들고 제한하기 때문이다. 이렇게 하면 확실히 도움이 된다. 숨을 쉬기도 훨씬 수월하다. 발명가들과 선구자들의 낡고 친숙한 분위기가 코끝을 스친다. 이제 다시 설계가 발명이 된다.

건축이 만들어지는 창조의 행위는 모든 역사와 기술 지식을 초월한다. 창조 행위의 초점은 우리 시대의 여러 문제와의 소통이다. 건축은 창조되는 순간 매우 특별한 방식으로 현재와 연결된다. 발명가의 정신이 반영되며 기능적 형태와 외관, 다른 건물과의 관계, 건물이 들어서는 장소를 통해 우리 시대의 여러 의문에 나름의 해답을 제시한다.

내가 건축가로서 제안할 수 있는 해답은 제한적이다. 우리가 살고 있는 이 변화와 전환의 시대는 대범한 행동을 허용하지 않는다. 우리가 함께 공유하고 기초로 삼을 수 있는 공통의 가치관은 일부에 불과하다. 나는 우리가 알고 이해하고 느끼는 본질과 상식에 기초한 건축에 마음이 끌린다. 나는 세상의 구체적인 모습을 주의 깊게 관찰한 뒤에 내가 설계한 건물에서 가치 있는 부분은 개선하고 아쉬운 부분은 수정하며 생략되었다고 생각되는 부분은 새롭게 창조하려고 노력한다.

우울한 자각

에토레 스콜라 감독의 1983년작 〈발랜도 발랜도〉는 대사 한 마디 없이 한 장소에서 50년의 세월을 이야기한다. 영화는 춤을 추고 움직이는 사람들의 움직임과 음악으로만 구성된다. 관객은 동일한 사람들과 동일한 방에 머무른다. 시간이 흐르면서 댄서들도 나이가 든다.

영화는 주인공들에게 집중한다. 타일이 깔린 바닥과 벽 마감, 뒤편으로 보이는 계단, 한편에 사자 발이 놓인 댄스홀은 깊이 있고 강렬한 분위기를 만들어낸다. 아니면 사람들이 댄스홀에 특별한 분위기를 부여하는 것일까?

내가 이렇게 말하는 이유는 내가 생각하는 좋은 건물이란 인간의 삶의 흔적들을 흡수하고 고유의 풍성함을 나타내는 것이기 때문이다.

자재에 나타나는 세월의 흔적, 표면의 무수한 흠집, 광택이 사라진 표면, 뭉툭해진 모서리가 떠오른다. 그러나 눈을 감고 이런 물리적 흔적과 그 흔적을 처음 접했을 때의 느낌을 잊으려고 하면 전혀 다른 인상, 더욱 깊은 감정이 남는다.

흘러간 시간에 대한 인식, 그 공간과 방에 있었던 삶에 대한 자각, 그 공간이 지닌 특별한 분위기가 남는다. 이런 순간에 건축의 미학적·실용적 가치, 양식적·역사적 의미는 중요하지 않다.

지금 중요한 것은 나를 감싸는 이 깊은 우울감이다. 건축은 삶에 노출되어 있다. 건축이라는 몸이 충분히 민감하다면 지난 과거의 현실을 목격한 그대로 보유할 것이다.

지나온 계단

나는 설계할 때 내가 원하는 건축과 연관성을 가진 내 기억 속의 이미지와 분위기로 방향을 잡는 편이다. 생각에 떠오르는 이미지들은 보통 주관적인 경험에서 출발하며 건축의 세부 묘사가 수반되는 경우는 극히 드물다. 나는 풍성한 시각적 형태와 분위기를 만들기 위해 떠오른 이미지의 의미를 설계하는 내내 고민한다.

일정 시간이 흐르면 내가 설계한 대상은 내가 모델로 삼은 이미지의 특성을 가진다. 여러 특성을 제대로 조합하여 결합하면 해당 대상에 깊이와 풍성함이 배가된다. 그러나 이를 위해서는 내가 설계에 부여한 특성들이 완성된 건물의 구조적·형식적 구조와 잘 섞이고 어우러져야 한다. 그러면 형태와 구조, 외관과 기능이 더 이상 분리되지 않고 하나가 되어 전체를 형성한다.

완공된 건물을 볼 때 우리의 눈은 분석적 사고가 이끄는 대로 움직여서 시선을 고정시킬 디테일을 찾는다. 그러나 개별 디테일을 통해서는 통합된 전체를 이해하지 못한다. 모든 것은 모든 것과 연관성을 가진다.

이제 처음 떠오른 이미지는 뒤로 사라진다. 전체를 만들기 위해 필요했던 모델들, 단어들, 비교 대상들은 지나온 계단처럼 뒤에 남는다. 완성된 새 건물은 그 자체로 의미를 지닌다. 건물의 역사를 시작한다.

저항

건축은 그 건축이 가진 사명과 가능성을 반영해야 한다. 건축은 그 본질과 무관한 대상을 위한 수단이나 상징이 아니다. 비본질적인 것을 중시하는 사회 속에서 건축은 형태와 의미의 낭비에 대항하고 저항하면서 건축의 언어를 말해야 한다.

이때 건축의 언어는 특정한 양식의 문제가 아니다. 모든 건물은 특정 장소와 특정 사회에 특정 용도를 위해 세워진다. 내가 설계한 건물들은 이 단순한 사실이 제기하는 의문에 대한 나름의 정확하고 비판적인 대답이다.

아름다움의 핵심

2주 전에 우연히 라디오에서 미국의 시인 윌리엄 칼로스 윌리엄스에 대한 방송을 들었다. 프로그램 제목이 '아름다움의 핵심'이었는데 왠지 모르게 관심이 가는 제목이었다. 아름다움에도 핵심이 있다는 개념 때문이었다.

건축과 관련지어 생각할 때 아름다움과 핵심은 익숙한 개념이다. 윌리엄스는 "기계란 불필요한 부품이 없는 물체"라고 했다. 이 말을 듣자마자 시인의 의도를 알 수 있었다. "아름다움은 어떠한 상징이나 메시지도 전달하지 않는 원시 상태의 자연 안에 존재한다"고 했던 페터 한트케도 비슷한 생각이었을 것이다. 한트케는 사물의 의미를 찾지 못할 때 화가 난다고 했다.

방송에 따르면 윌리엄스의 시는 사물에는 사물 자체 외에 어떤 생각도 들어 있지 않다는 확신에 근거한다고 한다. 윌리엄스 시의 목적은 사물을 자신의 것으로 만들기 위해 자신의 지각을 사물의 세계로 향하도록 하는 것이다.

진행자는 윌리엄스의 작품은 겉으로 보기에는 담담하고 명료한데 바로 그 점 때문에 그의 텍스트가 감정에 강력한 영향력을 발휘한다고 말했다.

이 말을 듣자 감정을 건물과 혼합하려고 하지 말고 감정이 그대로 드러나게 해야 한다는 생각이 들었다. 건물이 본질을 유지하고 본질에 가까이 가도록 하는 일은 쉽지 않다. 내가 생각한 건물이 장소와 기능에 정확히 부합한다면 굳이 예술적 장식을 첨가하지 않더라도 건물 자체가 힘을 가질 것이라고 나는 확신한다. 아름다움의 핵심은 물질의 농축성이다.

모든 피상성과 자의성을 뛰어넘어 물질을 구성하는 건축의 힘은 어디에 있을까?

이탈리아의 작가 이탈로 칼비노는 《미국 강연》에서 시인 자코모 레오파르디를 언급했다. 레오파르디는 예술작품(문학)의 아름다움은 모호성, 개방성, 미결정성에 있다고 보았다. 문학은 수많은 의미와 해석에 열려 있는 예술 형태이기 때문이다.

레오파르디의 설명은 충분히 설득력 있어 보인다. 우리를 감동시키는 예술작품이나 대상은 다층적이다. 무수히 많은 의미의 레이어들이 끝없이 겹치고 뒤섞이며 보는 각도에 따라 변한다.

건축가는 자신이 만든 건물에서 이런 깊이와 다중성을 어떻게 얻을까? 모호성과 개방성도 사전에 계획될 수 있는가? 윌리엄스의 주장에 담긴 정확성과 모순되는 개념이 아닐까?

칼비노는 레오파르디의 텍스트에서 놀라운 해답을 제시한다. 쉽게 가늠하기 어려운 미결정성을 좋아하는 시인의 텍스트는 시인이 묘사하는 대상에 극도로 충실하면서도 우리에게 생각의 여지를 준다는 점을 지적하면서 칼비노는 이런 결론을 제시한다.

"레오파르디가 우리에게 요구하는 것은 미결정성과 모호성의 아름다움을 만끽하는 것이다. 그는 자신이 묘사한 각각의 이미지, 세밀하게 정의된 디테일, 자신이 원하는 모호성을 위해 선택된 대상, 조명, 분위기에 대해 매우 정확하고 현학적인 관심을 요구한다."
칼비노는 역설적으로 보이는 문장으로 마무리한다.
"모호한 시인만이 정확한 시인일 수 있다!"
칼비노의 말에서 내 관심을 끈 부분은 정확성에 대한 주장 또는 인내와 섬세함이라는 우리에게 친숙한 시의 측면이 아니라 우리가 사물을 주의 깊게 관찰하고 사물에게 사물이 마땅히 받아야 할 관심을 준다면 사물 자체에서 풍성함과 다양성이 흘러나온다는 설명이다. 이를 건축에 적용하자면 건축의 힘과 다양성은 건축가가 맡은 작업, 즉 건물을 구성하는 여러 사물에서 만들어진다.

미국의 현대음악가 존 케이지는 한 강연에서 자신은 머릿속에서 들은 음악을 악보로 만드는 작곡가가 아니라고 했다. 케이지의 작업 방식은 다르다. 그는 개념과 구조를 만들고 그 개념과 구조가 소리를 내며 연주되게 하였다.
존 케이지에 대한 글을 읽으면서 내 작업실 근처의 산에서 진행했던 온천 프로젝트가 기억났다. 당시 나는 건물의 이미지를 먼저 떠올려서 그 이미지를 프로젝트에 맞춰 조정하는 게 아니라 부지의 위치, 목적, 소재(산, 바위, 물)가 제기하는 기본 의문에 대답하면서 작업을 진행했다. 따라서 처음에는 기존 건축의 차원에서 시각적 요소가 없었다.
대지, 목적, 소재가 제기하는 질문에 하나씩 답변하는 과정에서 놀라운 구조와 공간이 탄생했다. 그 안에는 스타일적으로 미리 생각한 형태를 단순히 배열하는 것보다 훨씬 깊은 원초적인 힘이 있었다.
산, 바위, 물 같은 구체적인 물질에 내재된 법칙을 충분히 고려하여 프로젝트를 진행하면 자연 요소의 원초적 속성 또는 '문화적으로 순수한' 속성을 이해하고 표현하며, 실체에서 출발하여 실체로 돌아가는 건축이 만들어질 가능성이 높다. 미리 생각한 이미지나 스타일적으로 조합된 기존의 양식들은 오히려 앞의 목적을 방해한다.

스위스 건축가인 헤르초크와 드 뫼롱은 오늘날 건축은 더 이상 단일체로 존재하지 않기 때문에 정밀한 사고의 행위를 통해 설계자의 머리에서 인공적으로 창조되어야 한다고 했다. 두 건축가의 주장은 뇌에서 만든 전체를 특별한 방식으로 반영하는 것이 건축이라는, 즉 건축을 사고의 형태로 보는 그들의 이론에 기반한다.

나는 건축을 사고의 형태로 보는 두 건축가의 이론을 따를 생각은 없지만, 과거와 같은 건물의 전체성은 더 이상 존재하지 않는다는 그 이론의 전제가 되는 생각에는 동의한다.

나 개인적으로는 건축물의 자체적·물리적 전체성을 내 작업의 필수 목표로 삼고 있지만 쉽게 되는 일이 아니다.

사물에 의미를 부여한 신은 물론이고 실재 그 자체도 일시적인 상징과 이미지의 끝없는 물결에 잠식되고 있다. 과연 우리는 건축의 전체성을 어떻게 얻을 수 있을까?

페터 한트케는 글을 쓰거나 묘사를 할 때 그들이 속한 환경의 일부가 되도록 노력한다고 했다. 그의 말을 제대로 이해했다면 인공적으로 만들어진 대상의 인공성을 제거하여 평범하고 자연스러운 대상으로 만드는 일의 어려움이라는 매우 익숙한 사실을 자각하게 된다. 진실은 대상 자체에 존재한다는 믿음과도 직면한다.

전체성을 추구하는 예술의 프로세스에서 예술가는 자연의 대상이나 자연환경과 유사한 존재감을 자신의 창조물에 부여하기 위해 노력한다. 자신을 '장소에 대해 쓰는 작가'라고 소개한 한트케는 인터뷰에서 자신의 글은 "첨가물이 있어서는 안 되며 세부 묘사와 그 묘사들이 연결되어 만드는 사실의 집합에 대한 인지"가 필요하다고 했다.

한트케가 말한 사실의 집합, 즉 사태事態(사실 관계)란 총체적이고 온전한 대상을 만들겠다는 목적을 이루기 위해 중요하다. 정확한 사실들이 하나로 혼합되어야 온전한 대상이 만들어진다. 건축물은 정확히 규정된 디테일들을 사실 관계로 연결한 집합체이다. 사실로 맺어진 관계이다. 여기서 생기는 문제는 실제 내용의 축소이다. 한트케는 대상에 대한 충실성을 강조한다. 그는 자신의 묘사가 실제 장소에 충실하여 부가 설명이 필요 없는 것이 좋다고 했다.

한트케의 말은 최근의 건축을 사색할 때 종종 느끼는 불만을 이해하는 데 도움이 된다. 실제로 특별한 형태를 만들기 위해 많은 수고와 의지가 들어간 건물이지만 전혀 정이 가지 않는 건물이 있다. 설계를 맡은 건축가가 현장에 있지 않더라도 그는 모든 디테일을 통해 끊임없이 나에게 말을 건다. 같은 말을 되풀이하는 그 모습에 나는 금세 흥미를 잃는다. 좋은 건축은 방문자를 맞이하여 방문자가 건축을 경험하고 그 안에 살도록 해야 한다. 온갖 회유책으로 끊임없이 말을 거는 건물은 재미가 없다.

어렵기는 하지만 해결책이 분명히 있는데 왜 시도하는 경우가 드물까? 왜 우리는 소재, 구조, 시공, 시간, 땅, 하늘 등 건축을 만드는 기본 요소에 대한 신뢰가 그토록 낮을까? 우리는 벽면, 소재, 돌출, 공허감, 조명, 공기, 냄새, 수용성, 공명 등이 세심하게 고려된 공간, 그 진정한 공간에 대한 신뢰가 없다. 왜일까?

나는 모든 설계와 시공이 끝난 주택을 사람이 사는 장소이자 세상의 일부로 그 자리에 두고 건축가가 부연 설명 없이 떠나도 괜찮은 작업을 꿈꾼다.

건물에는 아름다운 침묵이 있다. 나는 평정심, 자명함, 내구성, 존재감, 진정성, 따뜻함, 관능미 같은 속성으로 건물과 교류한다. 건물은 그 자체로 존재한다. 건물은 무언가를 나타내거나 대표하지 않고 건물 자체로 존재한다.

지극히 사실적인 검붉은 장미들
분홍빛 노란 장미들, 주홍빛 하얀 장미들
방을 비추는 햇살 속에서 그들은 자신이 된다.
지극히 사실적인 그들은 어떤 비유로도 변하지 않으며
그 자체로 지극히 사실이다.
상상은 그 사실성을 축소한다.

매우 사색적인 미국의 시인 월리스 스티븐스의 시 〈햇살 속 장미꽃 다발〉의 앞부분이다.
스티븐스의 시집에 실린 서문을 읽어보니 스티븐스는 사물을 오래 참을성 있게, 정확히 바라보며 사물을 발견하고 이해하기 위해 노력했다. 스티븐스의 시들은 사라진 법칙이나 질서에 대한 저항이나 한탄이 아니고 실망감의 표현도 아니며 최대한의 조화를 추구한다. 그는 시로 조화를 추구하고 있다. (칼비노는 일련의 생각으로 자신의 문학을 정의하면서 "문학이란 우리를 둘러싼 모든 것에서 발견되는 형태의 상실에 대한 유일한 방어 수단"이라고 했다.)
스티븐스가 열망한 목표는 실체였다. 초현실주의는 그에게 감동을 주

지 않았다. 그것은 발견이 아니라 창작이기 때문이다. 그는 조개가 아코디언을 연주하는 모습은 발견이 아니라 창작이라고 했다.

윌리엄스나 한트케, 에드워드 호퍼의 그림에서 발견되는 기본 사고가 새삼 떠오른다. 예술작품에 생명을 불어넣는 것은 사물의 실체와 상상력 사이에 존재한다.

이 말을 건축적으로 해석하면, 건물에 생명을 불어넣는 것은 건물과 관련된 사물의 실체와 상상력 사이에 존재한다. 나 개인적으로 이것은 새로운 깨달음이 아니라 내가 작업하면서 계속 추구한 생각에 대한 확증이다. 이는 내 안 깊숙이 뿌리내린 소망에 대한 확증이기도 하다.

마지막으로 이 질문을 하고 싶다. 특정 장소와 목적에 맞는 건물을 설계할 때 내 상상력을 집중시킬 실체를 어디에서 찾을 것인가?

그 해답은 장소와 목적에 있다.

마르틴 하이데거는 〈건축 거주 사유〉라는 글에서 이렇게 말했다.

"사물과 어울려 사는 것은 인간 존재의 기본 원리이다."

내가 이해한 바로는 우리가 추상적인 세계에 사는 게 아니라, 생각할 때조차도 언제나 사물의 세계에 살고 있다는 뜻이다. 하이데거는 또 이렇게 말했다.

"인간과 장소의 관계, 장소와 공간의 관계는 그 안의 거주에 기반한다."

장소와 공간에서의 생활과 사색에 대한 하이데거의 말로 볼 때 거주의 개념은 건축가인 내가 중요하게 생각하는 실체의 의미와 직결된다.

대상과 무관한 이론들의 실체가 아니라 거주 행위와 상태에 직결되는 구체적 건물의 실체가 나에게 흥미를 주며 나는 바로 그 실체에 상상력을 집중시킨다. 물질, 바위, 직물, 강철, 가죽이라는 실체, 내가 상상력을 발휘하여 부여한 속성들을 가진 건물의 시공에 사용된 구조의 실체.

나는 그 실체에 의미와 감각을 부여하여 성공적인 건물의 불꽃이 타오르게 한다. 이제 건물은 인간을 위한 주택이라는 역할을 담당한다.

건축의 실체는 형태, 볼륨, 공간이 구체화된 몸이다. 생각은 사물 속에 존재한다.

사 물 을   향 한   열 정 에 서   사 물   자 체 로

매일의 작업에서 한 걸음 물러나서 내가 현재 하는 일이 무엇이며 왜 하는지를 생각해 보는 건축에 대한 반추가 나에게는 매우 중요하다. 나는 이 성찰의 행위를 좋아하며 그것이 필요하다.

나는 모든 것이 이론적으로 규명된 상태에서 건축 작업을 시작하지 않는다. 내가 건축을 하고 건물을 세우고 완벽함이라는 이상을 위해 작업하는 것은 어린 시절에 생각나는 대로 물건을 만들던 태도와 비슷하다. 그때는 분명한 이유도 모르면서 그저 내 생각에 정확하다 싶은 방법으로 이것저것 만들었다. 내가 좋아서 무언가를 만드는 이 감정은 언제나 그 자리에 있었다. 항상 그래 왔기 때문에 나는 이 감정이 특별하다고 생각하지 않았다.

지금 생각해 보면 내가 건축가로서 하는 작업은 이 어린 시절의 열정을 향한 탐구이자 집착이며 그 열정을 더욱 잘 이해하고 개선하려는 노력이다.

오랜 이미지와 열정에 새로운 이미지와 열정이 추가되었는지, 내가 교육과 훈련을 통해 무엇을 배웠는지를 생각해 보면, 새로운 발견의 핵심에는 내가 이미 알고 있던 사실이 있었다.

장소들

내가 거주하고 일하는 곳은 그라우뷘덴의 산골 마을이다. 거주지가 내 작업에 영향을 주는 게 아닐까 문득 궁금할 때가 있는데 영향을 받을 수도 있다는 생각이 그렇게 즐겁지만은 않다.

만일 그라우뷘덴이 아니라 다른 곳에 살았다면 내가 설계한 건물이 달라졌을까? 지난 25년 동안 내 눈에 익숙한 환경은 쥐라 산맥 북부의 산과 언덕, 너도밤나무 숲, 인근의 바젤 시이다. 이 질문에 대해 생각해 보니 내 작업은 다양한 장소의 영향을 받았다.

건물이 들어설 특정 부지나 장소에 집중하여 그곳의 깊이, 형태, 역사, 감각적 특성들을 이해하려고 노력하다 보면 여타 장소의 이미지들이 내 정밀한 관찰 과정에 끼어든다. 내가 아는 장소들, 나에게 감동을 주었던 장소들, 나에게 특정한 분위기나 특성을 주었던 일상적인 또는 특별한 장소들의 이미지다. 미술, 영화, 연극, 문학의 세계에 담긴 건축적 상황의 이미지도 떠오른다.

때로는 예상하지 못한 이미지도 떠오른다. 첫눈에는 별 상관도 없고 낯설게 보인다. 출처도 다양하다. 경우에 따라서는 필요에 의해 일부러 떠올리는 이미지도 있다.

여러 장소의 핵심요소들을 비교하면서 유사성과 관련성 또는 차별성으로 내가 개입하려고 하는 대지의 다층적인 특성과 이미지를 새롭게 조명한다. 그 과정에서 연결고리가 나타나고 중요한 선들이 드러나며 더욱 흥미진진해진다.

이제 창의성을 마음껏 발휘할 수 있는 발판이 마련되고 특정 장소에 대한 다양한 접근 방식 속에서 설계 과정과 결정에 가속도가 붙는다. 장소에 깊이 몰입하여 상상 속에서 그곳에 거주하며 이와 동시에 내 안에 떠오르는 많은 장소들을 바라본다.

장소와의 관계에서 특별한 존재감을 가진 건물을 보면 그 장소와 그 장소를 넘어서는 무언가와 관련된 내적 긴장감이 건물을 채우고 있다는 인상을 받는다. 건물이 그 장소의 본질의 일부이자 세계 그 자체를 말하는 것 같다.

전통에 의지하여 대지의 요구를 되풀이한 건축 디자인은 세상에 대한 진정성 있는 관심과 동시대적 삶의 발현이 부족하다 할 수 있다. 장소를 흔드는 힘을 갖지 않은 채 현대적인 트렌드와 세련된 외관만을 제시하는 건축 역시 그 장소에 깊이 뿌리내리지 못하고 그 대지의 중력을 붙잡지 못한다.

관찰

1. 우리는 제도 책상 주변에 서서 우리 모두가 존경해 마지않는 건축가의 프로젝트에 대해 이야기했다. 여러 면에서 흥미로운 프로젝트였다. 나는 몇 가지 부분에 대해서 의견을 말했다. 실은 건축가에 대한 존경심 때문에 긍정적인 비판은 애초부터 생각지도 않았다. 그러나 선입견 없이 프로젝트를 다시 보았다.

결론적으로는 내 취향이 아니었다. 내가 받은 인상에 대해서 여러 가능성을 논의하고 구체적인 결론 없이 세부사항만 이야기했다. 모인 건축가 중 재능 있고 합리적인 사고를 추구하는 젊은 건축가가 말을 꺼냈다. "이론적으로나 기능적으로나 여러모로 흥미로운 건물이 분명합니다. 다만 문제는 그 안에 영혼이 없다는 것입니다."

몇 주 뒤에 나는 아내와 야외에 앉아 커피를 마시며 영혼을 가진 건물에 대해 이야기했다. 우리가 아는 여러 건축 작품에 대해서 의견을 나누었다.

우리가 찾는 특성들을 갖고 있으며 그 특별한 속성들을 정확히 말하는 건물들이 있었다. 우리가 사랑하는 건물들이 있다는 걸 깨달았다. 우리가 흥미를 느끼는 범주에 속하는 건물들이 무엇인지는 알았지만 그 건물들의 특성에서 공통분모는 찾기 어려웠다. 일반화하려는 노력 자체가 개별 건물의 특별함을 빼앗는 것인지도 몰랐다.

이 주제가 머리에서 떠나질 않아서 내가 사랑하는 건축적 상황에 대해 간략히 적어보기로 했다. 개인적인 경험을 작업에 적용할 때 사용하는 여러 단편적인 접근 방식, 내가 작업의 핵심요소들을 떠올릴 때 사용하는 사고체계를 이용했다.

2. 횡으로 기다란 이 소형 호텔의 객실은 계곡을 내려다보았다. 지상층에는 나무 판재로 마감된 두 개의 응접실이 인접하여 있었다. 두 곳 모두 복도에서 접근이 가능하며 문으로 연결되어 있었다. 작은 응접실은 편안하게 앉아서 책을 읽기에 좋아 보였고 큰 응접실은 식당으로 사용되는지 테이블 다섯 개가 배치되어 있었다. 2층 객실에는 깊게 그늘진 나무 발코니가 있었고 3층 객실에는 테라스가 있었다.

처음 호텔에 도착했을 때는 3층 테라스에서 탁 트인 하늘을 보면 좋겠다는 생각이 들었다. 하지만 2층 객실의 그늘진 발코니에서 나른한 오후에 책을 읽거나 글을 쓰는 것도 매력적으로 보였다.

위에서 아래로 연결되는 계단의 아랫부분 벽에는 음식을 내기기 위한 작은 창구가 있었다. 이른 오후가 되면 투숙객을 위해 하얀 접시에 과일파이가 준비되었다. 아래로 내려오면 신선한 파이 향이 반가웠다. 반대쪽 방의 반쯤 열린 문틈으로는 부엌의 분주한 소리가 들렸다.

이틀 정도 되자 환경에 익숙해졌다. 목초지와 인접한 호텔의 측면에는 접이용 의자가 포개져 있었다. 멀지 않은 나무 그늘 아래서 의자에 앉아 책을 읽는 여성이 있었다. 우리 부부도 의자 두 개를 집어 들고 괜찮은 장소에 자리 잡았다.

낮에는 호텔 정면의 좁은 베란다에 놓인 접이용 나무테이블에서 커피를 마셨다. 전면의 난간을 따라 테이블이 일정한 간격으로 놓여 있었다. 베란다 가장자리에 놓인 테이블과 팔꿈치를 올리기에 적절한 높이의 창문턱. 책을 읽기에 최적의 장소였다.

해 질 무렵이면 건물 정면에 일렬로 놓인 베란다의 테이블에서 투숙객들과 대화를 나누었다. 건물 위층 덕분에 굳은 날씨에도 문제가 없었다. 저녁 식사가 끝나면 베란다로 나가는 유리문을 보통 열어놓았다. 우리는 두 다리를 뻗고 앉아서 낮의 햇살로 여전히 따뜻한 벽에 기대어 계곡을 바라보며 음료를 마셨다. 한번은 식사를 마치고 입구 근처의 베란다 끝 코너에 있는 넓은 테이블에 앉았다. 낮에는 주로 단골들이 차지하는 자리였다. 아침이면 언제나 누군가가 먼저 자리를 차지하고 책을 읽었기 때문에 아침 햇살을 즐기기에 좋아 보이는 이곳에 아쉽게도 아침에는 앉아보지 못했다.

건물이 속한 장소는 물론이고 내 평범한 일상, 여러 활동 및 감정과 자연스럽게 어우러진 공간적 상황을 제공하는 건물, 나에게 살고 싶다는 기대감을 주며 내 필요를 충족시켜 줄 수 있을 듯한 공간을 떠올릴 때면, 어느 화가가 자신과 손님들을 위해 설계했다는 이 산속 호텔이 생각난다.

3. 레스토랑의 외관을 보니 관광객이 많은 메인도로변의 식당들보다 낫겠다는 생각이 제일 먼저 들었다.

다행히도 실망스럽지 않았다. 목재 창고 같은 모양의 좁은 현관을 통과하여 안으로 들어가니 높은 천장과 넓은 내부가 눈에 들어왔다. 벽면과 천장은 어두운 광택의 목재로 처리되어 있었다. 일정한 간격의 프레임과 패널, 웨인스코팅, 코니스, 다양한 무늬의 브래킷에 지지된 들쑥날쑥한 들보도 보였다.

공간의 전체 분위기는 어둡고 약간 암울하기까지 했다. 그러나 눈이 적응되자 암울함은 온화함으로 변했다. 리드미컬하게 배치된 높은 창문으로 들어오는 햇살이 방의 일부분을 비추었다. 빛의 반사 효과를 누리지 못한 공간은 그늘이 져서 약간 어두웠다.

실내로 들어간 순간 기다란 벽면 중간에 테이블 다섯 개를 놓고도 충분히 넓은 반원형 돌출부에 시선이 멈추었다. 굴곡진 벽면에는 창문이 있고 바닥은 다른 곳보다 조금 높았다. 의심할 여지없이 나는 이곳에 앉고 싶었다. 다행히도 테이블 두 개가 비어 있었다. 분명 평범한 손님이겠지만 이미 식사 중인 사람들에게서 왠지 모를 우월함이 느껴졌.

우리는 어디로 할까 망설이다가 조금 한가한 구역의 테이블로 정했다. 하지만 바로 가서 앉지 않고 직원의 안내를 기다렸다. 잠시 후 안쪽에서 문을 열고 나온 여직원은 우리를 반원형 공간의 테이블로 안내했다. 안내 받은 곳에 가서 앉았다. 우리 때문에 신경이 쓰이는가 싶더니 주변의 분위기는 금세 정리되었다. 우리는 담배에 불을 붙이며 와인을 주문했다.

옆 테이블에서는 두 여자가 활발히 대화하고 있었다. 한 명은 영어로, 한 명은 스위스 독어로 말했다. 상대방의 언어로는 한 마디도 하지 않는 모습이 흥미로웠다. 다른 테이블에 앉은 사람들도 적당히 떨어져 있어서 별로 신경 쓰이지 않았다.

나는 주위를 보며 점차 분위기에 동화되었다. 창으로 들어오는 빛 덕분인지 마음도 편했다. 아까보다 더욱 높아 보이는 창이 홀의 어두운 공간을 비추었다. 대화에 열중하며 식사하는 사람들 모두가 행복해 보였다. 주위 사람들에게 간섭받지 않고 모두가 자연스럽게 행동했다. 서로가 서로를 존중하는 배려가 공간에서 느껴졌다.

나는 먹는 일에 열중하다가 이따금 사람들의 얼굴을 보았다. 왠지 모를 친근함이 기분까지 좋게 만들었다. 모두가 참 보기 좋았다.

4. 캘리포니아 해안도로를 따라서 이동한 우리는 마침내 건축 안내가이드에 나온 학교에 도착했다. 태평양을 내려다보는 높은 대지의 편평하게 펼쳐진 넓은 부지에 불규칙하게 세워진 건물들과 파빌리온이 눈에 들어왔다. 나무는 별로 없지만 카르스트 지형의 바위를 뚫고 자란 잔디가 보였다.

학교 근처에는 집이 몇 채 드문드문 있었다. 층고가 높고 편평한 돌출 지붕을 가진 단층 건물들을 연결하는 아스팔트 통로 위로 철제 기둥으로 지지된 콘크리트 슬래브가 있었다. 강의실로 보이는 건물과 통로 사이에는 특별한 기능으로 사용되는 듯한 건물들이 있었다. 연휴 기간이라 교정은 텅 비어 있었다. 창문이 높아서 강의실 내부를 보기가 어려웠다.

대형 철문을 열고 들어가니 강의실로 연결되는 중정이 있었다. 살짝 열린 문으로 강의실 내부를 보았더니 책상과 칠판이 전부인 소박한 공간이 있었다. 벽면과 바닥에서 세월의 흔적을 알 수 있었다. 높은 창문에서 들어오는 자연광이 강의의 집중도를 높이고 공간에 편안함을 주었다.

태양과 비바람을 피하면서 조명 문제를 해결하기 위한 현명한 선택이었다. 이 건축이 지닌 모든 특성들을 온전히 파악하기는 어렵겠다는 생각이 들었다. 프리캐스트 콘크리트 시공을 연상시키는 구조의 지나친 단순함이라든지 공간의 광대함 같은 특성들 말이다. 이곳은 스위스의 학교에서 자주 목격되는 화려한 장식도 없었다.

충분한 가치가 있는 방문이었다. 나는 단순성과 실용성에서 작업을 시작하여 크기를 늘리고 더 좋고 더 아름답게 만들겠다고 새롭게 다짐했다. 자신이 하는 일을 깊이 깨달은 장인의 마음으로 단순성과 실용성을 형태의 출발점으로 삼기로 했다.

5. 18세 때 목공 도제생활이 끝날 무렵 나는 처음으로 가구를 직접 디자인하여 완성했다. 내가 일한 가구점에서 만드는 가구들의 형태는 주로 복수나 고객이 결정했는데 내 마음에 드는 디자인이 아니었다. 최고급 가구에 사용되는 월넛 목재도 별로였다.

나는 옅은 색의 물푸레나무로 침대와 장식장을 만들었다. 앞면과 뒷면까지 세심한 공을 들여서 모든 면을 깔끔하게 마무리했다. 아무도 안 보는 뒷면을 보통은 소홀히 하기 마련이지만 나는 뒷면까지 신경 써서 만들었다.

마지막으로 빠르고 부드러운 사포질로 가장자리를 살짝 둥글게 마무리했다. 선이 지닌 기품과 느낌을 잃지 않으면서도 날카로운 면을 부드럽게 하는 데 주력했다. 세 모서리가 만나는 코너 부분에는 거의 손을 대지 않았다. 장식장 문은 최대한 정밀하게 부착하여 마찰과 소리를 최

소화하고 거의 완전한 밀폐가 가능하게 했다.

장식장을 만드는 내내 기분이 좋았다. 모든 접합부와 형태가 정확히 들어맞고 내가 생각한 의도와 맞아떨어지는 완전한 결과가 탄생했다. 나도 모르게 극도의 집중력이 발휘되었다. 완성된 가구는 내가 속한 환경에 신선함을 주었다.

6. 아이디어는 다음과 같다: 지상에서 족히 3층 높이 정도 솟아 있는 길고 좁은 현무암 덩어리. 그 덩어리는 긴 중앙 뼈대와 여러 개의 가로 부재만 남기고 사면이 모두 비어 있다. 단면을 보면 마치 기하학적인 나무 또는 3차원의 대문자 T와 비슷하다.

올드타운 외곽에 세워진 거의 검은색에 가까운, 거칠지만 약간의 광택이 있는 석조물이다. 3층 건물의 하중과 구조를 지탱하며 짙은 시멘트 주물을 사용했는데, 접합부가 없고 기름숫돌로 처리하여 표면에 파라핀 왁스 느낌을 주었다. 뼈대에 문 크기의 개구부를 만들고 돌이 가진 구멍들을 유지하여 현무암의 질감을 그대로 노출시켰다.

우리는 이 돌 조각품이 하나의 건물로 보이도록 신경을 기울였다. 판재의 접합부는 모든 면이 일정한 패턴으로 정교하게 연결되도록 디자인을 하였다. 콘크리트 단면의 접합부가 보이지 않도록 신중을 기했다. 출입구 중간에 칼날처럼 돌출된 가는 철재 프레임으로 문의 양 끝을 지지하게 했다. 바닥 슬래브의 석재 콘솔 사이에는 경량유리와 얇은 금속 판재를 삽입하여 뼈대 사이의 공간을 마치 베란다 같은 공간으로 만들었다.

고객들은 우리가 소재를 다루는 방식, 건물의 한 요소에서 다른 요소로 발전시켜 나가는 신중한 방식과 관련하여 의견을 주었다. 우리가 추구하는 정밀한 디테일이 지나치게 정교하지 않느냐면서 그들은 우리에게 평범한 소재와 시공을 요구했다. 작업자들과 기술자들에게 고도의 기술이 요구되는 작업은 바라지 않았으며 비용 면에서도 훨씬 저렴하게 짓기를 바랐다.

그러나 5년 뒤 혹은 50년 뒤, 대지에 지어진 건물이 발산할 느낌과 건물을 보는 사람들을 생각할 때 가장 중요한 것은 그들 눈에 보이는 것, 즉 완공된 건물이었다. 이 점을 생각하면 고객의 희망사항을 거절하는 일이 힘들지 않았다.

7. 나는 앞에서 내가 좋아한다고 말했던 레스토랑에 다시 갔다. 다시 보니 반원 부분이 홀의 다른 부분보다 더 높다는 생각이 들지 않았다. 실은 높지 않았다. 내 기억과 달리 홀의 다른 부분과 반원 부분에 밝기의 차이도 없었다. 벽을 비춘 흐릿한 조명도 실망스러웠다.

현실과 기억의 차이가 놀랍지는 않았다. 나는 관찰에 능한 사람이 아니다. 관찰을 더욱 잘하고 싶은 생각도 없다. 나는 분위기를 흡수하고 다양한 공간적 상황에 노출되는 것이 좋다. 어떤 감정이나 강한 인상을 보유할 수 있을 때 만족을 느낀다. 그 기억에서 디테일을 떠올리거나 나에게 안전함, 따뜻함, 편안함, 공간감을 주었던 기억 속 장소를 끄집어내는 것이 좋다.

생각해 보면 건축과 삶, 공간적 상황과 내가 경험한 방식 사이를 구분하기란 불가능하다. 건축에 집중하여 내가 본 것을 이해하려고 노력할 때조차 나의 지각은 내 경험을 바탕으로 움직이며 내가 관찰해 온 방향을 향한다. 유사한 경험의 기억들이 기억 속으로 들어오듯이 연관성을 가진 건축적 상황의 이미지들이 포개진다. 예를 들면 이렇다. 바닥의 단차가 분명히 있었는데 나중에 없앤 것일까? 공간을 개선하는 차원에서 단차가 필요한가?

나는 다시 건축가라는 역할로 돌아온다. 나는 과거의 열정과 이미지를 가지고 작업하는 것이 좋다. 내가 찾고 싶은 것을 발견하는 데 큰 도움이 되기 때문이다.

건축의 몸

관찰과 인상

1. 박물관 큐레이터와 인터뷰를 했다. 그는 예상하지 못한 질문들을 재치 있게 말했다. 내가 생각하는 건축이 무엇인지, 내가 작업에서 중요하게 생각하는 것이 무엇인지를 궁금해했다. 인터뷰 내용은 녹음되었으며 내 나름대로 최선을 다했다. 어느덧 인터뷰를 마칠 때가 되었다. 내가 한 대답이 만족스럽지 않았다.

그날 저녁 나는 아키 카우리스마키의 신작 영화에 대해 친구와 이야기를 나누었다. 나는 배우들을 향한 카우리스마키 감독의 마음과 배우들을 존중하는 태도를 존경한다. 그는 배우들을 줄에 묶인 대상으로 대하지 않았다. 자신이 원하는 콘셉트를 표현하라고 강요하지 않았다. 그의 영화에서는 캐릭터가 가진 비밀들이 자연스럽게 배어나오도록 배우들을 존중하는 태도가 묻어난다. 카우리스마키 감독의 영화에는 따뜻함이 있다. 친구와 이야기하는 동안 아침 인터뷰에서 하고 싶었던 말이 떠올랐다. 나는 카우리스마키 감독이 영화를 만드는 것처럼 건물을 설계하고 싶다.

2. 내가 투숙한 호텔은 프랑스의 인기 건축가가 리모델링을 맡았다. 트

렌디한 디자인에 관심이 없는 나는 그의 작품세계를 알지 못했다. 호텔에 들어선 순간부터 그의 건축이 만들어내는 분위기가 효력을 발휘했다. 풍성하면서도 눈이 부시지 않은 인공조명은 홀을 무대처럼 만들었다. 밝은 안내데스크와 다양한 천연석으로 마감된 벽면이 눈에 들어왔다. 금빛으로 빛나는 벽면 위로 우아한 원형 계단을 오르내리는 사람들이 더욱 두드러졌다. 위로 올라가 보니 홀을 내려다볼 수 있는 의자와 간단한 다과가 있었다. 《패턴 랭귀지》라는 저서에서 사람들이 본능적으로 기분 좋게 느끼는 공간적 상황에 대해 말했던 크리스토퍼 알렉산더가 본다면 좋아할 만한 공간이었다. 발코니에 앉아서 홀을 바라보고 있노라니 건축가가 만든 무대의 일부가 된 기분이었다. 저 아래로 사람들이 지나가고 들어오고 나가는 모습을 보는 것도 좋았다. 이 건축가가 승승장구하는 이유를 알 수 있었다.

3. H는 프랭크 로이드 라이트가 설계한 소형 주택에서 깊은 인상을 받았다고 했다. 작고 아늑한 방들과 낮은 천장이 눈에 들어왔다. 조그만 서재에는 특별한 조명과 많은 장식이 있었다.
주택 전체에서 H는 이제껏 경험하지 못한, 강한 수평적 인상을 받았다. 노부인이 여전히 집에 거주하고 있었다. 굳이 가서 볼 필요는 없겠다는 생각이 들었다. H가 말한 의미가 무엇인지, 그녀가 설명한 집의 느낌이 무엇인지 알 수 있었다.

4. 심사위원들에게 건축상 후보에 오른 건축가들의 작품이 제시되었다. 나는 교외에 세워진 붉은색 소형 주택에 대한 자료를 검토했다. 건축가와 주민들의 노력으로 헛간을 주택으로 변경한 작업으로서 매우

성공적인 작품이었다. 양박공 지붕의 주택에는 통합과 변화가 적절했다. 창문의 위치에도 세심한 고려가 엿보였다. 옛것과 새것이 적절한 균형과 조화를 이루고 있었다. 새로운 부분들은 "나는 새것이다"라고 말하기보다 "나는 새로운 완성품의 일부다"라고 말하는 것 같았다. 딱히 굉장하고 혁신적이거나 눈에 띄게 두드러진 점은 없었다. 어찌 보면 다소 구식인 디자인 원리와 예전의 접근 방식이 장인 정신과 결합된 느낌이었다. 이 주택에 디자인상을 줄 수는 없다는 데 모두가 동의했다. 건축적으로 너무 소박한 작업이었다. 그래도 이 작은 집을 생각하면 기분이 좋다.

5. 목구조에 대한 책을 보다가 넓은 강물 위에 목재가 빼곡히 떠 있는 모습을 담은 사진에 눈길이 갔다. 다양한 길이의 목재를 층층이 배열한 단면도 느낌의 책 표지도 마음에 들었다. 목재 건물의 사진이 많았는데 건축적으로는 훌륭했지만 눈길이 가지 않았다. 목재 주택을 지은 지가 아주 오래전 일이었다.

오랫동안 돌, 콘크리트, 강철, 유리로 작업했기 때문에 목재 주택이 낯설지 않느냐고 젊은 건축가가 물었다. 순간 주택 크기의 목재 더미 이미지가 떠올랐다. 원목 상태의 목재를 빽빽하게 쌓아서 정밀하게 내부를 비우면 공간이 만들어지겠다 싶었다. 적절히 늘리거나 축소하고 늘이거나 줄여서 형태를 잡는 일이 이번 설계에 매우 중요했다. 그는 자신의 모국어인 스페인어에서 목재, 어머니, 물질에 해당하는 단어가 비슷하다고 했다. 각각 마데라, 마드레, 마테리아이다. 우리는 목재와 석재가 지닌 감각적 속성과 문화적 의미에 대해 말하면서 그들을 건물에 어떻게 표현할지를 논의했다.

6. 뉴욕의 센트럴파크 사우스 최상층의 홀. 때는 저녁. 번쩍거리며 높이 솟은 석조 건물의 도시로 둘러싸인 직사각형의 푸른 공원이 눈앞에 펼쳐졌다. 좋은 도시는 훌륭하고 명확하며 잘 정리된 콘셉트에 기반한다. 직사각형 패턴의 거리, 대각선으로 뻗은 브로드웨이, 해안과 맞닿은 반도. 직각의 격자무늬 속에 빼곡히 들어선 건물들이 저마다 하늘을 향해 서 있다. 개인주의적이고 자기애적인 건물들은 익명성과 무모함 속에서 격자의 구속에 길들여져 있었다.

7. 전면의 타운하우스는 광대한 공원과 어우러져 눈에 잘 띄지 않았다. 이 도시에서 제2차 세계대전을 견디고 살아남은 유일한 건물이었다. 한때 대사관으로 사용되다가 지금은 유능한 건축가의 참여로 본래 크기보다 3분의 1배 확장되었다. 확장된 부분은 낡은 건물 옆에 당당히 서 있었다. 한쪽은 돌을 깎은 기초 위에 스투코로 마감한 파사드(정면)와 난간이고 다른 쪽은 노출 콘크리트의 간결하고 모던한 부속 건물이었다. 절제되고 정돈된 매스는 디자인 차원에서 분명한 거리를 유지하면서도 낡은 메인 빌딩과 대화하는 듯했다.

불현듯 우리 마을의 고성(古城)이 떠올랐다. 수세기 동안 여러 번 변경되고 확장되면서 단독 건물에서 중정이 있는 폐쇄적인 성으로 발전했다. 발전 단계에 따라 새로운 건축이 완성되었다. 역사적 부조화는 건축적으로 기록되지 않았다. 진화의 단계에서 가장 통합적인 외관을 위해 이전 것은 새것에, 새것은 이전 것에 맞게 조정되었다. 벽면 마감재의 성분을 분석하고 회반죽을 벗겨내어 접합부를 연구해 보면 유서 깊은 건물의 복잡한 역사를 알 수 있을 것이다.

8. 나는 전시관으로 들어갔다. 경사진 벽면, 비스듬한 바닥, 자유롭고 재미있게 연결된 표면, 걸려 있거나 기대 있거나 떠 있거나 끌어당기거나 팽팽하거나 돌출되어 있는 각재와 로프. 직각을 거부하고 불규칙적인 균형을 추구하는 구성이었다. 이 건축은 역동적인 인상과 상징적인 운동을 만들었다. 주어진 공간을 채우고 누군가에게 보이고 자신의 흔적을 남기고 싶어 하는 제스처였다. 나에게 남은 여지는 거의 없었다. 나는 건축이 이끄는 대로 구불구불한 길을 따라갔다.

다음 전시관에서는 브라질 출신의 건축 거장 오스카르 니에메예르의 곡선과 형태가 가득한 우아한 공간과 만났다. 사진 속 작품에서 보이는 넓은 실내와 광대한 야외 공간의 공허감에 깊이 매료되었다.

9. 이탈리아 사람들의 휴가지로 유명한 친케 테레의 작은 리조트에 문신한 여성들이 많았다고 A가 말했다. 여성들은 신체의 개성을 강조하면서 몸을 사용하여 자신의 정체성을 표현한다. 몸은 인공적인 상징들이 홍수처럼 밀려드는 세상에서 피난처가 되며 철학자들이 가상현실에 대해 생각하는 수단도 된다.

현대미술의 오브제인 인간의 몸은 거울을 보거나 타인의 눈을 통해 보아야만 얻을 수 있는 자기과시의 대상 또는 사실을 위한 비밀과 폭로의 대상이 아닐까?

올가을 나는 프랑스의 현대건축 프로젝트를 모아놓은 전시회에 다녀왔다. 날카롭지 않고 부드럽게 처리된 형태의 번쩍이는 오브제가 있었다. 기하학적인 오브제를 감싸는 우아하면서도 긴장감 있는 곡선들을 보니 로댕의 누드 스케치가 연상되었다. 곡선 덕분인지 오브제가 조각품처럼 느껴졌다.

건축적인 모델들. 모델들. 아름다운 몸. 질감, 피부, 결점 없이 완벽한 몸.

10. 낡은 호텔의 좁은 복도는 유리 파티션으로 구분되어 있었다. 판유리로 고정된 아래의 문짝은 프레임 없이 코너마다 두 개의 금속 버클로 고정되어 있었다. 별로 특별할 것 없는 일반적인 방식이었다. 건축가의 디자인은 분명 아닐 것이다. 하지만 마음에 드는 문이었다. 판유리 두 짝의 비율 때문일까? 금속 버클의 형태와 위치 때문일까? 무채색의 어두운 복도에서 유리가 만드는 번쩍임 때문일까? 평균 높이의 여닫이문 위에 있는 상부 판유리가 복도의 높이를 강조한 덕분일까? 이유는 잘 모르겠다.

11. 사진 속 건물은 복잡해 보였다. 서로 다른 부분, 평면, 볼륨이 수직과 경사로 겹치면서 포개져 있었다. 다소 특이한 외관은 별다른 느낌을 주지 않았다. 하지만 어딘지 모르게 무겁고 고문당하는 느낌이 들었다. 내 눈에 보이는 건물은 2차원적이었다. 처음에는 색을 칠한 마분지 모형인 줄 알았다. 건축가의 이름을 듣고는 깜짝 놀랐다. 내가 무지한 상태에서 섣불리 판단하는 실수를 저질렀나 싶었다. 세계적으로 널리 알려진 건축가였다. 그의 정교한 설계는 정평이 나 있었고 철학적 주제까지 망라하여 현대건축에 대해 기술한 그의 글 역시 책으로 출간되어 있었다.

12. 맨해튼의 좋은 지역에 위치한 타운하우스에 도착했다. 빌딩들이 가득한 거리에서 새로운 파사드는 단연 눈에 띄었다. 사진 속에서 유리

로 둘러싸인 천연석 마감은 하나의 배경처럼 보였다. 실제로 보니 파사드는 훨씬 균일하고 주변과 통합되어 있었다. 비판하려는 본능은 집에 들어선 순간 사라졌다. 시공의 수준이 내 관심을 끌었다. 건축가는 현관에서 우리를 맞이하여 각각의 방을 안내해 주었다. 방들은 널찍했다. 배치도 합리적이었다. 다음 방이 계속 기대되었다. 전혀 실망스럽지 않았다. 후면 파사드와 계단 위 채광창을 통해 들어오는 일광도 괜찮았다. 모든 층의 방들이 맞닿아 있는 뒷마당은 마치 건물의 중심처럼 느껴졌다.

건축가는 친근하면서도 겸손한 어조로 입주민들의 피드백과 요구에 따라 불편한 요소들을 개선한 부분을 설명했다. 그는 벽장문을 열고 거실에 은은한 빛을 투과시키던 대형 반투명 블라인드를 내리더니 접이식 칸막이를 보여주면서 거대한 문들이 소리 없이 움직이고 정확하게 닫히는 모습을 선보였다. 이따금 난간이나 목재 연결 부위, 유리판 모서리 등 여러 표면에 손을 대기도 했다.

13. 내가 방문한 지역은 상당히 매력적이었다. 19세기 말엽과 20세기 초반에 세워진 석조 건물과 벽돌 건물들이 거리와 광장을 에워싸고 있었다. 특별하지는 않았다. 전형적인 도시의 모습이었다. 하층부의 공공 영역은 도로와 맞닿아 있고 상층부의 주거지와 사무실은 정면에서 조금 물러나 있었다. 알려진 얼굴 뒤로 사적인 부분을 숨겨서 익명의 얼굴이 되는, 파사드 하층부의 공공 공간과 확연한 분리를 이루고 있었.

듣기로는 많은 건축가들이 이 지역에 거주하면서 작업한다고 했다. 며칠 뒤 인근의 새로운 지역을 방문했을 때 그 말이 생각났다. 유명 건축가들이 설계한 지역이었다. 나는 도시 구조물의 명확한 전면과 후면,

공공 공간의 확고한 정의, 적절히 물러난 파사드, 지역에 알맞은 볼륨에 대해 생각했다.

14. 콘셉트를 잡고 형태를 결정하고 석재로 지은 온천의 시공도를 완성하기까지 여러 해가 지났다. 마침내 공사가 시작되었다. 나는 석공들이 인근 채석장에서 채집한 석재로 지은 구역을 바라보았다. 놀라움과 짜증이 동시에 밀려왔다. 모든 것이 우리의 계획과 정확히 일치했지만 내가 예상한 것은 이 단단함과 부드러움의 공존, 매끈하면서도 거친 표면, 각석이 뿜어내는 녹회색의 다양한 광채가 아니었다. 프로젝트가 우리로부터 벗어나 독립했다는 느낌이 들었다. 자신의 법칙에 순응하는 독립체로 진화한 것이다.

15. 구겐하임 미술관에서 열린 메레 오펜하임의 전시회에 갔다. 그녀가 사용한 기법들은 놀라울 정도로 다양하여 지속적이거나 일관된 스타일이 없었다.
그럼에도 나는 작품을 보면서 그녀의 사고방식과 세상을 보는 방식, 작품을 통해 일관적이면서도 총체적으로 세상에 개입하는 방식을 깨달았다. 널리 알려진 모피로 덮인 찻잔이나 석탄 조각으로 만든 뱀을 스타일적으로 연결하려는 시도는 별로 의미가 없었다. 오펜하임은 모든 아이디어는 적절한 형태가 있어야 효과적일 수 있다고 했다.

건축의 교육과 학습

젊은이들이 건축가가 되겠다는 목표를 가지고 자신에게 필요한 능력이 있는지를 알기 위해 대학에 간다. 우리는 그들에게 무엇을 제일 먼저 가르쳐야 할까?

무엇보다 먼저 학생들 앞에 서 있는 사람이 해답을 이미 알면서 질문하는 것이 아님을 알려주어야 한다. 건축 교육이란 스스로 질문하고, 교수의 도움으로 해답을 찾으며 질문을 줄여나가면서 다시 해답을 찾는 것이다. 이 과정의 무한 반복이다.

좋은 디자인은 세상을 감정과 이성으로 이해하는 우리의 능력과 우리 자신 안에 있다. 좋은 건축 디자인은 감각적이며 지적이다.

우리는 건축이라는 말을 듣기 전부터 이미 건축을 경험한다. 건축적 이해의 뿌리는 건축적 경험에 있다. 우리의 방, 우리의 집, 우리의 거리, 우리의 마을, 우리의 도시, 우리의 경관. 우리는 일찍부터 무의식적으로 이 모두를 경험한다.

그러다가 시간이 흐르면 이후에 경험한 시골, 도시, 주택을 이전의 경험과 비교한다. 우리가 알고 있는 건축의 뿌리는 어린 시절이다. 그 뿌리는 우리의 역사 속에 있다. 학생들은 자신의 건축 경험을 의식적으로 떠올리면서 작업하는 방법을 배워야 한다. 이 과정을 계속 되풀이하는 것이 중요하다.

이 주택, 이 도시에서 어떤 점이 좋은지, 무엇이 어떠한 인상과 감동을 주는지, 그 이유가 무엇인지를 생각해 봐야 한다. 그 방 또는 그 광장은 어땠는가? 어떤 모습이었는가? 어떤 냄새가 났는가? 걸을 때 어떤 소리가 났는가? 내 목소리는 어떻게 들렸는가? 발에 닿는 바닥의 촉감은 어땠는가? 손잡이의 감촉은 어땠는가? 파사드에 비친 조명은 어떤 모습이었는가? 밝기는 어땠는가? 좁거나 넓었는가? 친근했는가, 거대했는가?

가벼운 막 같은 나무 바닥재, 무거운 돌의 질감, 부드러운 섬유, 매끄러운 화강암, 유연한 가죽, 가공하지 않은 철, 광택 나는 마호가니, 크리스털 유리, 햇살에 달궈져서 부드러운 아스팔트…. 건축가의 소재, 우리의 소재이다. 우리는 그 모두를 안다. 그러나 우리는 그들을 모른다. 건축을 설계하고 발명하기 위해서는 소재들을 제대로 알고 다루는 방법을 배워야 한다. 이것은 연구이며 기억의 행위이다.

건축은 언제나 구체적이다. 추상적이지 않고 구체적이다. 종이 위에 그려진 도면이나 프로젝트는 건축이 아니라 음악 악보와 비견되는, 약간은 불충분한 건축의 표현물이다. 음악이 연주되어야 하듯이 건축은 시행되어야 한다. 그래야 몸이 실체가 된다. 이 건축의 몸은 언제나 감각적이다.

모든 설계 작업은 건축과 소재의 육체적·객관적 감각이라는 전제에서 출발한다. 건축을 구체적으로 경험하는 것은 건축을 만지고 보고 듣고 맛본다는 의미이다. 이런 속성들을 발견하고 의식적으로 다루게 하는 것이 교육의 주제가 되어야 한다.

작업실에서 하는 모든 설계 작업은 재료로 행해진다. 실제 물질(흙, 돌,

구리, 철, 펠트, 천, 나무, 석고, 벽돌)로 만들어진 구체적인 사물, 대상, 설치물을 직접적으로 지향한다. 마분지 모형은 건물이 아니다. 통상적으로 어떤 모델도 실제 건물이 아니라 일정한 스케일로 만들어진 3차원의 구체적 형체일 뿐이다.

스케일 도면은 전문 건축가들이 일반적으로 따르는 '아이디어-계획-구체적 대상'이라는 순서를 역순으로 하여 구체적 대상에서 시작한다. 먼저 구체적인 대상을 만든 뒤에 스케일에 맞춰 그린다.

우리 속에는 우리에게 영향을 주었던 건축 작품들의 이미지가 있다. 우리는 마음의 눈으로 그 이미지를 불러내어 재검토한다. 그러나 아직은 새로운 디자인 또는 새로운 건축이 아니다. 모든 디자인에는 새로운 이미지가 필요하다. 낡은 이미지들은 우리가 새로운 이미지들을 찾도록 돕는다.

디자인할 때 떠올리는 이미지들은 언제나 전체를 향한다. 본질적으로 이미지는 상상 속 실체의 총체이다. 벽과 바닥, 천장과 소재, 방의 조명과 색의 분위기. 바닥에서 벽으로, 벽에서 창문으로 이어지는 모든 디테일도 영화를 보는 것처럼 이미지로 떠오른다.

그러나 우리가 설계를 시작하여 우리가 바라는 대상의 이미지를 형상화하려고 하면 정작 필요한 시각 요소들이 보이지 않는다. 설계 과정 초반 이런 이미지들은 불완전하다. 그래서 우리는 주제를 더욱 명확하게 다듬고 우리가 상상한 이미지에 빠진 부분들을 채워넣는다. 이렇게 말할 수도 있다: 우리는 설계한다.

우리 내면의 이미지가 지닌 구체적이고 감각적인 특성이 도움이 된다. 우리가 평범하고 추상적인 이론적 가설에 빠지지 않도록 도와준다. 아울러 우리가 건축의 구체적인 속성들을 놓치지 않도록 도와준다. 또한

우리가 설계의 시각적 완성도에 만족하여 그것을 실제 건축의 완성도와 혼동하는 일도 예방한다.

내면의 이미지를 떠올리는 것은 누구에게나 일반적인 과정이다. 그것은 사고의 일부이다. 건축적·공간적·다색적·감각적 그림과 이미지에 대한 연상적이고 야생적이고 자유롭고 정돈되고 체계적인 사고. 이것이 내가 좋아하는 디자인의 정의이다.

아름다움은 형태가 있는가?

살구나무가 존재한다. 양치식물이 존재한다. 블랙베리가 존재한다. 그러면 아름다움은? 아름다움은 설명하거나 이름을 붙일 수 있는 구체적인 대상이나 물체일까? 인간의 감각과 생각에만 존재하는가? 아름다움은 특별한 형태, 모양, 디자인에 대한 지각에서 영감을 받는 특별한 감정인가? 아름답다는 느낌, 아름다움을 경험한다거나 아름다움을 보고 있다는 감정을 일으키는 대상의 본질은 무엇일까? 아름다움은 형태가 있는가?

1. 글을 쓰고 있는데 음악이 들려왔다. 내 아들 페터 콘라딘이 재즈 콘트라베이시스트 찰스 밍거스의 1950년대 녹음 음반을 틀어놓았다. 들어보니 관심이 가는 악절이 있었다. 느린 리듬과 차분한 여유 속에 강렬함과 자유로움이 느껴졌다. 강한 리듬 속에서 테너 색소폰이 따뜻하고 거칠면서도 여유로운 톤으로 말을 걸어왔다. 나는 색소폰이 건네는 말을 거의 대부분 알아들을 수 있었다. 부커 어윈의 단단히 누른 색소폰 소리는 날카롭지만 거슬리지 않았고 빽빽한 밀도감 속에도 공간감이 느껴졌다. 밍거스의 건조한 피치카토와 듣는 이를 무장해제시키고 정복하려는 듯 끈적거리는 그루브는 딱딱하다는 인상을 줄 수도 있었지

만 전혀 그렇지 않았다. 훌륭했다.

페터와 나는 서로를 보며 거의 동시에 외쳤다. "정말 아름답다!" 음악이 나를 끌어당겼다. 나는 음악이 만든 공간으로 들어갔다. 다채로우면서도 감각적인, 깊이와 운동이 있는 공간. 그 안에 머물렀다. 잠시였지만 음악 외에는 아무것도 없었다.

2. 로스코의 그림. 다양한 색과 순수 추상의 향연. 그것은 바라봄의 대상이며 순수한 시각적 경험이다. 후각, 청각, 촉각 같은 감각적 인상은 필요하지 않다. 나는 눈앞에 있는 그림 속으로 들어간다. 그것은 집중과 명상의 과정이다. 명상과 비슷하지만 생각을 비우지 않으며 모든 신경과 의식이 동원된다. 그녀는 그림에 집중하면 해방감을 느낀다고 했다. 나는 다른 차원의 지각에 도달한다.

3. 순간의 강렬한 경험, 과거와 미래를 넘어 시간이 완전히 멈춘 듯한 기분. 아름다움이 주는 느낌이다. 아름다운 광채를 지닌 무언가가 내 심금을 울린다. 그 감동이 끝나자 이런 말이 나온다. "내 자아와 세상이 완전히 하나가 된 상태였다." 처음 잠시 동안은 숨을 쉴 수 없다가 이후 완전히 빠져서 몰입한다. 경이와 떨림, 그칠 줄 모르는 흥분과 평온. 충격적인 외관이 일으킨 마법에 사로잡힌 기분이다. 기쁨과 행복. 누군가가 바라보고 있다는 사실을 모른 채 자고 있는 아이의 표정과도 같다. 고요하고 평화로운 아름다움. 아무것도 섞이지 않은 순수함 그 자체.
시간의 흐름이 멈춘다. 나는 아름다운 깊이를 가진 이미지 속에 빠져든다. 지속되는 감정 속에서 사물의 정수, 가장 보편적인 속성들을 느낀다. 아름다움은 생각의 체계 너머에 존재하는 것인지도 모른다.

4. 이탈리아 비첸차의 르네상스 극장. 가파른 객석, 세월이 묻어난 목재. 친근함, 힘이 느껴지는 공간감과 강렬함. 모든 것이 지극히 적절하다. 손으로 만든 듯한 자연스러움이 놀랍다고 그녀는 말했다.
언덕 위의 저택. 그녀는 시골길을 걷다가 숨이 멎는 듯 아름다운 보석을 발견했다. 빛나는 건물이었다. 풍경이 저택에 속했는지 저택이 풍경에 속했는지 분간이 되지 않았다.

5. 자연의 아름다움이 주는 감동에는 인간을 초월하는 위대한 무언가가 있다. 인간은 자연으로부터 와서 자연으로 돌아간다. 인간의 크기로 축소되거나 길들여지지 않은 경관의 아름다움과 대면할 때 우리는 자연의 광대함 속에서 인간의 크기를 절감한다. 안전함, 겸손함, 자부심이 뒤섞인 감정. 우리는 자연 속에, 결코 이해할 수도 측량할 수도 없는 그 형태 속에 존재한다. 이 벅찬 경험의 순간에는 우리가 자연의 일부라는 사실 외에 그 무엇도 이해할 필요가 없다.
경관을 본다. 저 멀리 수평선과 바다의 매스가 보인다. 아카시아가 만발한 들판으로 걸어간다. 노간주나무 아래 피어 있는 엘더꽃들을 말없이 바라본다.
그녀는 시칠리아 바다에서 다이빙을 했다. 커다란 물고기가 매우 느린 속도로 가만히 다가왔다. 순간 숨이 멎는 듯했다. 물고기의 움직임은 힘차면서도 우아하고 매끄러웠다. 수천 년의 흔적이 그 안에 담겨 있었다.

6. 그녀는 아름다운 신발을 사랑한다. 신발에 담긴 장인정신과 소재, 무엇보다도 형태와 라인에 그녀는 탄복한다. 그녀는 신발을 보는 것도 좋아한다. 다만 사람들이 신고 있는 신발보다는 사용에 따라 형태

가 정의되고 실용적 차원 너머의 아름다움을 가진 대상으로서의 신발을 좋아한다. 신발이 그녀에게 외친다. "나를 사용해요. 나를 신어주세요." 그녀는 실용적인 물건의 아름다움이야말로 최고 형태의 아름다움이라고 했다.

7. 기억하건대 나는 인간이 만든 예술품의 아름다움을 항상 경험해 왔다. 특별한 형태감을 지닌 예술품에는 안에서 나오는 분명하고 확고한 존재감이 있다. 작품이 자연 속에서 그 존재감을 나타낼 때 나는 아름다움을 본다. 모든 건물, 도시, 주택, 거리는 의도를 가지고 그곳에 자리한다. 그들은 하나의 장소를 창조한다. 그들이 서 있는 자리에는 전면과 후면, 좌측과 우측이 있고 접근성과 거리가 있으며 안과 밖이 있다. 그들의 형태는 경관을 집중시키거나 축소시키며 수정한다. 그 결과로 하나의 환경이 만들어진다.

물체와 환경. 자연과 인간이 만든 작품의 조화. 자연의 순수한 아름다움과도 다르고 물체의 순수한 아름다움과도 다른 무엇. 건축은 예술의 어머니가 아닐까?

8. 그녀는 대부분이 건축가인 젊은 사람들과 서 있다. 이슬비가 내리고 공기는 따뜻했다. 그들이 있는 곳은 저택의 중정이었다. 펼쳐진 우산과 버튼을 채우지 않은 레인코트에서 도시의 세련미가 느껴졌다. 그들을 감싼 햇살은 부드러웠다. 층층이 두껍게 쌓인 연회색의 안개구름을 뚫고 햇살이 내려왔다. 햇살은 자그마한 빗방울을 빛나는 입자로 바꾸었다. 따사로운 광채가 전면을 가득 채웠다.

사람들의 표정은 평화로웠다. 무심함에 가까운 느긋함 속에서 그들은 위엄 있는 저택과 중정, 별채, 철제 대문을 감상했다. 이따금 누군가가 언덕 너머로 시선을 돌렸다. 엷은 안개가 피어올랐다. 중정의 자갈, 나무 이파리, 초원의 풀이 반짝였다.

주위를 두리번거리며 근처에 있는 안드레아 팔라디오의 작품 빌라 로톤다로 가는 길을 찾아본다. 모든 장면이 그녀의 기억에 오랜 이미지로 남았다. 그녀는 이날의 기억을 글로 남겼다.

9. 내가 경험했던 주택, 마을, 도시, 경관을 기억해 본다. 그들은 나에게 아름다운 인상으로 남았다. 각 상황이 당시에도 아름답게 보였던가? 그랬던 것도 같지만 확실치는 않다. 인상이 먼저 오고 성찰이 뒤따른다. 어떤 것들은 갑작스러운 충동이나 친구들과의 대화, 미학적으로 규정되지 않은 기억 속 대상을 의식적으로 탐구한 결과로 오랜 시간이 흘러서야 비로소 아름다움을 부여받는다. 다른 사람들이 이미 경험한 아름다움에 뒤늦게 반응하는 경우도 있다. 나는 사람들이 말한 아름다움을 머릿속에서 형상화하여 어떤 대상에 대한 인상을 내 것으로 흡수하기도 한다.

아름다움은 언제나 환경(배경), 현실의 일부, 어떤 노력이나 인공의 흔적도 없는 완벽에 가깝게 자립적이거나 정물화처럼 정지된 대상 속에서 나타난다. 모든 것은 있어야 할 각자의 자리에 있다. 충돌도, 과장된 포장도, 비판도, 비난도, 낯선 의도도, 해설도, 의미도 필요 없다. 경험은 무의식적이다. 내가 보는 것은 그 자체이다. 이 사실이 나를 사로잡는다. 내가 보는 장면은 나에게 지극히 자연스러워 보이는 동시에 그 자연스러움 속에서 극한의 예술성이 조합된 결과이다.

10. 그녀는 작은 창고를 돌아 신축된 건물을 처음으로 보았다. 깜짝 놀랐는지 걸음을 멈추었다. 짜릿한 전율이 느껴졌다. 기둥이 떠받치고 있는 건물이 서 있는 방식, 구멍이 많은 석재, 유리, 결이 고운 목재의 처리 방식, 오랜 이웃들과 넓은 중정을 형성하는 방식, 장소의 매스와 자재가 비기하학적 정밀함 속에 균형을 이룬 새로운 형체. 이 모두가 그곳만의 매력, 분위기, 에너지, 존재감을 뿜어냈다. 눈에 보이는 모든 것이 균형 잡힌 서스펜션 상태에 있었다. 그녀가 말했다. "건물이 마치 움직이는 것 같아."

11. 그는 만토바의 성안드레아 성당 입구에 서 있다. 주랑 현관의 빛과 그림자, 벽기둥을 비추는 한 줄기 빛. 교회만의 세계. 도시는 보이지 않는 교회만의 내부. 조각상과 몰딩이 보이지 않는 어두운 곳에서 비둘기들이 높이 날아다녔다. 새들이 소리는 들리지만 보이지는 않았다. 온통 어둠이 가득하다. 내부로 침투한 빛 때문에 공기 중의 미세한 먼지 입자가 보인다. 빽빽한 공기가 거의 만져질 듯하다. 내가 서 있는 주랑 현관 아래의 보이는 모습보다 느껴지는 모든 것이 서로에게 힘을 주는 듯하다. 그들만의 독특한 상호관계가 있다.

12. 우리의 지각은 본능적이다. 이성은 부차적인 역할을 한다. 아름다움은 문화의 산물이며 교육과 상응한다. 우리는 상징, 형상, 디자인이라는 틀로 집약된 형태를 보며 감동한다. 그 안에는 수많은, 아니 모든 특성이 있다. 자명하고 심오하고 신비롭고 고무적이고 흥미롭고 긴장감이 넘친다.
나를 감동시키는 외관이 정말로 아름다운지는 형태 자체로 판단하기 어렵다. 아름다움이라는 느낌이 속한 감정의 깊이는 형태로 촉발되지 않고 그 형태에서 나온 생명력에 의해 촉발되기 때문이다.

상대적으로 드문 외관이거나 낯선 장소에도 아름다움은 분명 존재한다. 오히려 우리가 기대했던 장소에서 아름다움을 발견하지 못할 때가 있다.

아름다움은 디자인되고 만들어질 수 있을까? 결과물의 아름다움을 보장하는 규칙이 있다면 무엇일까? 대위법, 화성학, 색 이론, 황금분할, "형태는 기능을 따른다" 같은 이론을 아는 것으로는 충분치 않다. 방법과 도구, 즉 모든 훌륭한 악기들이 내용물을 대신하지 못하며 아름다운 전체의 마법을 보장하지 않는다.

13. 디자이너라는 일은 사실 어렵다. 예술성, 업적, 직관, 장인정신은 물론이고 헌신, 진정성, 소재에 대한 깊은 관심과도 관련이 깊다.

아름다움을 달성하려면 나 자신과 하나가 되어야 하며 다른 누구도 아닌 나만의 일을 해야 한다. 아름다움이 발견되어, 운 좋게 창조될 수 있는 대상은 내 안에 존재하기 때문이다. 내가 만들고 싶은 대상, 즉 테이블, 주택, 교량 등은 고유의 모습을 찾아야 한다. 잘 만들어진 모든 대상은 그 형태를 결정하는 적절한 질서를 내재한다. 내가 발견하고 싶은 것이 바로 그 본질이다. 그래서 나는 디자인할 때 대상에 깊이 집중한다. 나는 추상적인 의견과 생각 너머에 있는 직관의 정확성과 감각적 경험의 진실성을 신뢰한다.

이 집은 사용 대상으로서, 물리적 대상으로서 무엇이 되고 싶을까? 여러 자재를 조합하여 견고하게 시공되었으며 하나의 형체에서 수명을 가진 형태로 형성된 이 집은 무엇이 되고 싶을까? 여러 의문이 떠오른다.

이 집은 현재의 대지에서, 도로변에서, 교외에서, 허름한 지역에서, 너도밤나무가 빽빽한 언덕에서, 항공기가 지나가는 지역에서, 호반에서, 숲이 만든 그늘 아래에서 무엇이 되고 싶을까?

14. "살구나무가 존재한다. 살구나무가 존재한다. / 양치식물이 존재한다. 블랙베리가 존재한다…."
이 에세이의 도입부는 잉에르 크리스텐센의 시 〈알파벳〉을 인용한 것이다. 크리스텐센의 시는 무한히 증가하는 피보나치수열(앞의 두 수의 합이 바로 뒤의 수가 되는 수의 배열. 1, 1, 2, 3, 5, 8, 13…)의 리듬에 기반한다. 시인은 세상을 담은 단어들을 응축하여 반짝거리며 간섭하는 입자들을 분출시킨다.

6월의 밤이 존재한다. 6월의 밤이 존재한다…
이 얇은 거미줄의 누구도
누구도 가을이 있음을 모른다.
여운과 뒤늦은 생각도 모른다.
어지럽고 거침없는 초음파
박쥐의 비취색 귀는
희부연 아지랑이를 향한다.
세계가 이토록 아름다웠던 적이 있었던가,
새하얀 밤이 이토록 하얀 적이 있었던가…

시를 읽으면서 아름다움은 부재에서 태어날 때 가장 강렬하다는 생각을 한다. 나는 무언가가 없다는 사실, 아름다움을 경험할 때 즉시 찾아

오는 강렬한 느낌, 공감을 발견한다. 아름다움을 경험하기 전에는 그것이 없다는 것을 깨닫거나 알지 못했지만 이제는 항상 부재할 아름다움이 있다는 것을 안다. 열망. 아름다움의 경험은 아름다움의 부재를 깨닫게 한다. 내가 경험한 것, 나를 감동시킨 것은 기쁨과 고통을 수반한다. 고통은 내가 경험한 부재에서 온다. 그러나 부재감이 촉발한 아름다움의 경험은 순전한 축복 그 자체다. 독일의 소설가 마르틴 발저의 말이다. "부재한 것이 많을수록 그 부재를 견디기 위해 우리가 동원한 것은 더욱 아름답다."

실 체 의   마 법

음악의 마법. 점점 낮아지는 비올라의 멜로디로 시작하여 피아노와 만나는 이 소나타는 순식간에 확고한 느낌을 조성한다. 음악이 만든 분위기는 나를 감싸고 만지며 특별한 분위기로 인도한다.

그림, 시, 말, 이미지의 마법. 밝은 생각이 일으키는 마법. 내가 보고 만지고 냄새 맡고 듣는 내 주변 사물의 물리적 실체가 지닌 마법. 건축이나 경관, 특정한 환경이 만들어내는 순간의 마법. 영혼의 성숙처럼 처음에는 눈에 띄지 않지만 자세히 보면 점차 구체화된다.

성목요일이었다. 나는 직물회관의 긴 로지아에 앉아 있었다. 파노라마처럼 펼쳐진 광장, 일렬로 배열된 건물들, 교회, 동상들. 카페 벽에 등을 대고 앉은 주변으로 적당한 수의 사람들이 있었다. 꽃시장이 열렸다. 햇볕이 내리쬐는 오전 11시. 광장 반대편의 벽은 푸르스름하고 기분 좋은 빛을 받아 그늘이 졌다.

귀에 들리는 소리가 즐거웠다. 사람들의 말소리, 광장의 판석을 딛는 발소리, 자동차나 엔진의 잡음이 섞이지 않은 사람들의 웅성거림, 이따금 멀리서 들리는 건설현장의 소리. 하늘을 나는 새들, 점으로 보이는 비행기들, 빠르게 지나가는 들쭉날쭉한 선들. 즐겁고 경쾌했다.

주말이 시작되어선지 사람들의 발걸음에도 여유가 있었다. 수녀 두 명이 활발하게 대화하며 광장을 지나갔다. 발걸음도 가볍고 머리에 쓴 두건이 가볍게 흩날렸다. 둘 다 비닐봉지를 손에 들었다. 적당히 기분 좋고 따뜻한 날씨였다. 내가 앉은 소파에는 연한 녹색의 벨벳이 씌워져 있었다. 높은 단 위에 세워진 청동상은 등을 뒤로한 채 두 개의 첨탑을 가진 교회를 나와 함께 바라보았다. 첨탑은 끝이 달랐다. 아랫부분은 같지만 위로 갈수록 달라졌다. 금관으로 장식된 첨탑이 더 높았다. B가 광장을 대각선으로 가로질러 오른쪽에서 걸어올 때가 거의 되었다.

광장의 분위기를 글로 적을 당시 나는 눈에 들어온 모든 것에 흠뻑 빠져 있었다. 글을 다시 읽는 지금, 나에게 그토록 큰 감동을 준 것이 무엇이었을까 생각한다.

모든 것이 감동적이었다. 사물, 사람들, 분위기, 빛, 소음, 소리, 빛깔. 소재, 재질, 형태. 내가 이해할 수 있는 형태들, 내가 읽어내려고 했던 배치 형태, 아름다움으로 다가온 모든 인상들.

사물과 사람들, 그 모든 물리적 대상과 별도로 나를 감동시킨 것이 있었다. 홀로 있다는 것. 가만히 앉아서 보고 듣는 동안 가졌던 내 감정, 느낌, 기대감이 있었다.

"아름다움은 보는 사람의 생각에 달렸다"는 말이 떠오른다. 그 순간에 내가 경험한 모든 것은 당시 내가 가졌던 느낌과 마음 상태의 표현과 분출일까? 그렇다면 결국 그날의 경험은 광장이나 그곳의 분위기와 무관한가?

이 질문에 대답하기 위해 간단한 실험을 해본다. 우선 머릿속에서 광장을 지운다. 그러자 흥미로운 일이 벌어진다. 상황이 일으킨 감정들이 희미해지기 시작하여 사라질 위기에 처한다. 광장의 분위기가 없었다면 그런 감정들을 결코 느끼지 못했을 것이다. 이런 생각이 든다. 우리의 감정과 우리 주변의 대상들은 친밀한 관계 속에 있다. 이는 건축가라는 내 직업과도 관련이 깊다. 내가 일하는 대상은 형태, 인상, 인간이 살아가는 공간을 구성하는 대상들의 물리적 존재감이다. 나는 건축이라는 일을 통해 기존의 물리적인 틀, 감정을 불러일으키는 장소와 공간의 분위기에 기여한다.

실체의 마법이란 물질을 인간의 감각으로 변형시키는 연금술이다. 건축적 공간의 본질과 형태가 감정적으로 흡수되고 동화되는 특별한 순간을 만든다.

나는 건축가로서 별장, 상업시설, 공항을 세울 수 있다. 적절한 가격에 좋은 평면을 가진 아파트를 세울 수도 있다. 극장, 미술관, 쇼룸처럼 영향력을 발휘하는 공간도 가능하다. 나는 혁신, 참신함, 지위, 생활양식 등 필요에 적합한 건물을 다양한 형태로 만든다.

물론 이런 일이 쉽지는 않다. 노력과 재능이 필요하다. 꾸준히 일해야 한다. 그러나 그것만으로는 개인에게 특별한 건축적 경험의 순간을 줄 정도로 성공적인 건축을 완성하기에는 충분치 않다. 이런 의문이 생긴다. 과연 나는 건축가로서 내가 설계한 작업에 어떤 식으로든 건축적 분위기의 정수를 담고 있는가? 강렬함, 분위기, 존재감, 행복감, 풍성함, 아름다움 같은 독특한 감정을 불러일으키는가? 어느 순간 실체의 마법을 일으킬 수 있는 구체적인 형태를 만드는 것이 가능한가? 다른 방법으로는 경험할 수 없는 특별함을 주는, 건축적 경험을 가능케 하는 마법의 주문이 있는가?

크든 작든 크기와 상관없이 나를 작아지게 만드는 건물이나 단지가 있다. 그들은 나를 억압하고 배제하며 거부한다. 한편 크든 작든 나를 기분 좋게 하는 건물이나 단지도 있다. 그들은 나를 돋보이게 하며 자부심과 자유를 주며 잠시라도 머물면서 사용하고 싶은 마음을 준다. 나는 이런 작업에 열정을 느낀다.

나는 건물이 몸이라는 사실을 기억하면서 그에 맞게 작업한다. 구조와 외피, 매스와 조직, 패브릭, 셀, 벨벳, 실크, 유광 스틸.

각 소재가 조화를 이루고 각자의 빛을 발하게 하려고 노력한다. 일정량의 오크나무와 일정량의 회색 사암에 다른 소재를 첨부한다. 3그램의 은 손잡이 또는 번쩍이는 유리면을 사용하여 모든 소재를 결합한 뒤에 독특한 구성체, 즉 독창물이 되게 한다.

나는 공간의 소리, 촉감과 두드림에 소재와 표면이 반응하는 방식, 듣기의 전제가 되는 침묵에 귀를 기울인다.

방의 온도도 매우 중요하다. 얼마나 시원한지, 얼마나 쾌적한지, 사용자의 몸을 감싸는 온기의 차이에 신경을 쓴다.

나는 사람들이 일을 하기 위해, 집처럼 편안함을 느끼기 위해 주변에 두는, 방과 공간과 장소를 구성하는 사적인 물건에 대해서도 즐겨 생각한다.

방들이 우리를 인도하고 여러 장소로 데려가며 우리를 내보내고 유혹하도록 건물의 내부 구조를 배치한다. 건축은 공간의 예술이며 시간의 예술이다. 그것은 질서와 자유 사이, 길을 따라가거나 스스로 길을 찾고 방황하며 거닐고 이끌리는 것 사이에 존재한다. 나는 내부와 외부, 공공성과 개인성, 한계, 전환, 경계 사이의 긴장 단계를 의식적으로 고민한다.

규모의 역할도 고민한다. 대상의 적절한 크기를 찾기 위한 노력은 여러 수준의 친밀감, 접근성, 거리감을 만들고 싶은 열망에서 출발한다. 나는 태양을 고려하여 소재, 표면, 모서리, 유광, 무광을 선택한다. 사물을 비추는 빛의 마법에 따라 솔리드의 깊이, 음영과 어둠의 차이가 만들어진다. 모든 것이 적절해지는 순간까지 최선을 다해야 한다.

경 관   속 의   빛

달이 비추는 빛

달빛은 조용히 반사하며 크고 일정하고 부드럽다. 달빛은 멀리서 온다. 그래서 조용하다. 달빛을 받아서 만들어진 사물의 그림자는 차이가 미묘하다. 내 눈으로는 확인하기가 어렵다. 광원과 지구상의 물체들 사이의 우주적 각도를 가늠하기에 나는 매우 작고 지구와 너무 가깝다.

빛과 그림자, 달의 빛과 그림자, 태양의 빛과 그림자, 우리 집 거실 램프가 만든 빛과 그림자를 연구하다가 스케일과 치수에 대한 감각이 생겼다.

나는 빛에 대한 책을 쓰고 싶다. 폴란드 작가 안제이 스타시우크가 《두클라 이면의 세계》에서 말한 것처럼 빛만큼 나에게 영원을 생각나게 하는 것은 없다. 사건과 물체는 그 자체의 무게로 멈추거나 사라지거나 무너진다. 내가 무언가를 보고 설명할 수 있는 것은 빛이 굴절하여 우리가 이해할 수 있는 형태를 만들거나 형태를 부여하기 때문이다.

멀리서 지구로 오는 빛

내가 설계한 건물, 우리가 사는 도시와 환경에 있는 인공조명을 생각해 보고 싶다. 떼려야 뗄 수 없는 연인처럼 나는 내가 사랑하는 대상인 빛과 떨어질 수 없다. 저 멀리서 지구까지 오는 빛, 빛을 받아서 반짝거리는 무수한 바디, 구조, 자재, 액체, 표면, 빛깔, 형태들. 지구 밖에서 온 빛은 공기를 볼 수 있게 한다. 가을의 엥가던 계곡은 하늘이 아래까지 내려오고 공기마저 상쾌하다.

높은 데서 비추는 빛

밤이면 높은 데서 사람들을 비추는 인공조명에는 진정 효과가 있다. 우리는 건물이나 거리에 조명을 설치한다. 우리가 사는 지구에 빛을 밝힌다. 지극히 작은 어둠까지 제거하여 우리 자신을 보고 우리 주변의 물체를 보기 위해 빛의 섬을 만든다.

어둠 속에서 느끼고 냄새 맡고 맛보고 만지고 꿈꾸는 것으로는 부족하다. 우리는 보고 싶다. 과연 사람이 살기 위해서는 얼마나 많은 빛이 필요할까? 어둠은 얼마나 필요할까?

소량의 빛으로도 사는 데 지장이 없을 정도로 빛에 민감한 감정 상태나 상황이 있을까? 어둠, 어두운 장소, 밤의 어둠 속에서만 경험할 수 있는 것들이 있지 않을까?

미국 샌버너디노에 사는 두 명의 사냥꾼이 인간의 손길이 닿지 않은 계곡에서 여러 날을 지내고 밤에 집으로 돌아왔다. 그들은 터널 입구, 주유소, 자동차가 발산하는 빛을 보자 마을이 오염되었다는 생각이 들었다.

《음예공간 예찬》의 저자 다니자키 준이치로는 이시야마테라(石山寺)로 보름달을 보러 가려다가 보름달 관람을 위해 온 방문객들을 위해 대형 스피커로 〈월광 소나타〉를 내보내고 절 곳곳에 인공조명을 설치한다는 소식에 즉시 계획을 취소했다.

태양이 비추는 빛

무수히 많은 빛의 점들. 하늘에 빛나는 별들, 숲에서 반짝거리는 개똥벌레들, 야경을 밝히는 인공조명. 샹들리에의 유리구슬처럼 빛을 발산하거나 반사하는 작은 물체들.
머나먼 우주에서 지구 표면을 비추는 낮의 태양광선은 거대하고 강하며 지향적이다. 그 빛은 하나이다.

땅에 사는 어둠

얼마 전 A는 산에 올랐다가 길가에 핀 알프스의 꽃들이 땅거미가 내려온 뒤에도 한동안 고유의 색을 뿜어내는 것을 발견했다. 꽃들이 빛을 품고 있다가 발산하는 것 같았다고 했다.
어둠은 땅에 산다. 어둠은 안제이 스타시우크의 말처럼 땅에서 솟아올랐다가 거친 숨결처럼 땅으로 돌아간다.
나이가 들수록 자연에서 빛이 나타나는 다양한 방법과 형태에 관심이 많아진다. 나는 빛에 감동하며 빛에게서 배운다. 내가 상상한 건물에도 태양이 비춘다. 나는 공간, 소재, 질감, 색깔, 표면, 형태에 태양광선이 들어오게 한다. 그 빛을 포착하고 반사하고 여과하고 차단하며 적절한 지점에 빛이 나도록 조정한다. 나는 활성물질로서의 빛에 익숙하다. 그러나 빛에 대해 다시 생각해 보면 솔직히 아는 게 별로 없다.

경관 속의 빛

경관 속의 빛. 지극히 자전적인 내용인 듯한 시인 프리데리케 마이뢰커의 책 제목이다. 그늘과 그림자가 생겼다가 빛이 되듯이 마이뢰커는 다양한 단어들을 층층이 쌓아서 경관의 안과 밖을 묘사하고 만들어냈다. 개인적인 경관들. 갈망, 애도, 평온, 기쁨, 고독, 성역, 추함, 허세, 교만, 유혹의 이미지와 경관들. 내 기억에서 그들 모두는 각각의 빛을 갖고 있다.

빛이 없는 물체가 있을까?

다니자키 준이치로는 그림자를 찬양한다. 다양한 어둠의 깊이를 가진 일본의 전통가옥을 보면 모퉁이마다 구석구석 그림자가 깃들며 옻칠 회화의 금빛이 빛을 낸다. 미닫이문의 섬세한 나무격자에 붙은 반투명지도 엷은 빛을 발산한다. 빛이 어디에서 오는지 정확히는 알 수 없지만 어스름한 빛은 물체를 포착하여 아름답게 반사한다.

준이치로는 그림자를 찬양하며 그림자는 빛을 찬양한다.

그림자 없는 모더니즘

내 기억이 맞다면 나는 빛과 경관을 중시하는 클래식 모더니즘의 건물들을 본 적이 있다. 예를 들면 리하르트 노이트라가 설계한 캘리포니아의 주택들이 그러하다. 그가 만든 건축적 구성에서 그림자는 크게 부각되지 않지만 밝기는 두드러진다. 빛과 공기, 외부 경관, 경관 속에 사는 느낌, 경관이 실내로 들어오거나 또는 실내를 통과하는 느낌, 빛과 그림자가 어우러진 경관을 볼 수 있다.

집으로 들어오는 햇빛을 보는 것은 놀라운 경험이다. 이후 외부에서 들어오는 빛이 더 이상 없을 때는 스스로 빛을 발한다. 자체적으로 빛을 발하는 분위기가 만들어진다. 이때 인간의 빛이 함께한다.

로스앤젤레스의 밤

점차 고도를 낮추는 비행기에서 바라본 로스앤젤레스의 야경은 마치 마법 같다. 그러나 거리에서 본 동일한 빛은 창백하고 병약했다. 그 부자연스러운 밝기에 앞마당의 푸른 잔디와 수풀은 플라스틱처럼 보였다.

일몰과 일출 사이

일몰과 일출 사이에서 우리는 마음대로 켤 수 있는 인공조명으로 빛을 밝힌다. 조명은 햇빛과 비교가 안 된다. 매우 약하고 답답하며 깜빡이고 사방에 그림자를 만든다.

그러나 인공조명을 어둠을 제거하려는 시도에서 만든 빛으로 보지 않고 밤을 비추는 빛으로 생각할 때, 즉 빛으로 강조된 밤 또는 어둠을 깎아서 만든 친밀한 빛의 공간으로 생각할 때 비로소 아름답게 보인다. 인공조명도 그만의 빛의 마법을 부릴 수 있다.

일몰과 일출 사이에서 우리가 밝히기 원하는 빛은 무엇인가? 건물, 도시, 경관에 무엇으로 빛을 발하면 좋을까? 어떤 방식으로 얼마나 오래 밝혀야 할까?

건축과 경관

건축과 경관에 대한 생각을 말할 기회가 생겨서 기쁘다. 경관을 경험할 때 내가 느끼는 것을 말하고 싶다. 우선 낭만주의 화가 카스파르 다비드 프리드리히의 작품 〈해변의 수도승〉을 보자. 대단한 미학적 경험이다.

한 남자가 화가를 등진 채로 서서 수평선을 바라본다. 그림 속 남자와 화가처럼 나도 그림 속의 수평선과 풍경을 바라보며 그 장엄함과 광대함을 느낀다. 나 자신보다 무한히 거대하지만 나에게 성역을 제공하는 이 세상을 생각하니 문득 구슬픈 감정이 든다.

경관은 자연이 나와 가까이 있고 나보다 거대하다는 느낌과 더불어 집처럼 편안한 느낌을 준다. 하늘, 냄새, 빛, 색, 형태 등 어린 시절의 경관은 내 살이 되고 피가 되었다. 그곳으로 돌아가면 집으로 돌아간 느낌이다.

경관은 역사를 포함한다. 사람은 언제나 경관 속에 살며 경관 속에서 일해 왔다. 좋든 나쁘든 인간이 지구에 관여해 온 역사도 경관 속에 담겨 있다. 그런 이유에서 우리가 문화 경관이라는 말을 하는지도 모른다. 경관은 내가 자연의 일부라는 느낌과 함께 내가 역사에 연결되어 있다는 느낌을 준다.

우리 모두가 경관과 연결되어 있다는 이 감정의 깊이는 어디서 왔을까? 우리 인간이 자연에 속하고 자연에서 왔으며 자연으로 돌아간다는 사실을 깨닫게 되는 특별한 순간들이 있다. 경관은 이처럼 초월적인 생각을 불러일으킨다.

한편 이와는 대조적으로 도시는 지금 여기에 있다는 현실감, 사람들에 대한 인식을 자극한다. 도시는 인간의 작업이다. 도시는 사람들을 불러 모으며 교류를 촉진시킨다. 나는 도시에서 인간의 공간, 즉 주택, 종교, 사무, 교역, 정치, 권력, 쾌락의 공간을 인식한다. 그 공간들은 수량이 엄청나다. 일부는 사적이고 일부는 공적이며 가끔은 드러나지 않게 존재한다.

런던 같은 도시가 지닌 밀도를 생각하니 에드거 앨런 포의 단편《군중 속의 사람》이 떠오른다. 소설에서 한 부랑자는 호기심과 도시가 지닌 매력에 이끌려 도시의 활력과 생명, 비밀의 흔적을 따라간다. 경관과 마찬가지로 도시는 역사의 저장고이다. 그러나 도시의 경험은 다르다.

도시와 경관의 차이를 이렇게 설명할 수 있다. 도시는 나를 흥분시키고 뒤흔든다. 나에게 크거나 작다는 느낌, 자존감, 자부심, 호기심, 흥분, 긴장, 성가심을 일으킨다. 위압감을 주기도 한다. 반면에 경관은 내가 기회를 주기만 한다면 나에게 자유와 평안을 준다. 자연은 다른 차원의 시간을 지닌다. 도시에서 시간은 그곳의 공간처럼 압축적이지만 경관의 시간은 거대하다.

경관을 생각하면 아름다움이 먼저 떠오른다. 내 낭만주의적 시선 때문이다. 나는 농업의 시각으로 경관을 보지 않는다. 생산의 수단으로 경관을 보는 것이 아니라 감각과 미학으로 경험한다. 그것이 자연 경관이냐 문화 경관이냐에 따라 경관에 대한 이해가 달라진다. 산의 경관 같은 자연 경관은 언제나 아름답다. 거칠고 험하고 척박하고 황량한 자연 경관, 심지어 위협적이기까지 한 경관이라도 나에게는 전혀 추해 보이지 않는다.

이마누엘 칸트는 "우리는 자연 속에서 신의 손길과 만난다"고 했다. 칸트의 책을 읽은 적은 없지만 산을 좋아하신 우리 아버지도 비슷한 말씀을 하셨다.

기본적으로 우리는 문화 경관에 둘러싸여 있다. 관심과 지혜로 자연을 대했던 전통적인 문화 경관을 생각할 때 문화 경관에는 인간의 작업과 자연의 아름다운 연합이 존재한다. 알프스 산맥만 그런 것이 아니다. 로스앤젤레스 외곽의 들판에 끝없이 펼쳐진 순환형 관개 시스템도 나에게는 동일하게 아름다움으로 다가온다. 운하, 댐, 계단식 논, 개간지, 개벌지, 재식림처럼 대대적인 땅고르기가 필요한 프로젝트 역시 강렬한 미학적 매력을 갖고 있다.

그 이유가 무엇일까? 인간과 자연의 조화는 진부한 주제이지만 그 조화는 특정한 상황을 보여준다. 자연은 토지, 식물, 동물을 돌보는 인간의 수고가 일어나는 곳이다. 인간은 자연에 의존하며, 내가 경험하는 경관의 아름다움 역시 자연에서 출발한다.

전통적인 문화 경관과는 달리 아름다움이 전혀 보이지 않는 경관도 있다. 최근에 지어진 현대 문화 경관의 오브제들은 그 자체의 내재 가치를 갖고 있지 않으며 자기가 속한 경관과 조화로운 관계를 갖지 않은 경우가 많다. 이런 구조들이 우후죽순처럼 늘어나서 경관을 뒤덮고 있다. 나는 경관의 상실을 견디기가 매우 힘들다. 도시 스프롤 현상은 경관의 소멸을 보여주는 증거이다.

이에 대해 이론적인 주장이 뒷받침되어야 할 것이다. 도시가 생기면서 이후 거대한 도시를 구성하는 1세대 건물들이 세워진다. 잘 참고 견뎌서 100~200년이 지나면 이 거대한 복합체는 로스앤젤레스처럼 환상적인 도시로 발전한다. 세계적인 도시에서 수학한 젊은 건축가들은 이 새로운 복합체를 위해 환상적인 해결책을 고안해 낸다. 모든 것이 아름다울 수는 없다.

내 생각에 경관과 도시의 관계에서 중간단계가 가장 적막하다고 할 수 있다. 도시 스프롤 현상은 경관을 사라지게 만든다. 경관이 사라질수록 아름다움의 상실이 주는 고통이 크다. 새로운 도시의 활력이 발산되어야만 비로소 내가 느끼는 고통이 해결된다.

디자이너로서 작업의 대상이 되는 경관을 제대로 처리하려면 세 가지를 고려해야 한다.

첫째, 경관을 깊이 봐야 한다. 숲, 나무, 잎사귀, 풀밭, 활기찬 대지를 응시하고 눈에 보이는 것에 사랑의 감정을 키워야 한다. 자신이 사랑하는 것에 해를 입힐 수는 없기 때문이다. 우리가 다루는 대상은 우리가 사랑하는, 우리가 사랑할 수 있는 것이다. 둘째, 주의를 기울여야 한다. 이것은 땅을 사용하는 동시에 지속 가능성을 고려해야 하는 전통 농업에서 배운 교훈이다. 셋째, 인접한 환경을 고려하여 적절한 치수와 수량, 크기와 형태를 찾아야 한다. 그 결과는 조율과 조화 또는 긴장이다. 경관을 사랑하고 마음을 다해 경관을 응시하는 일은 올바른 균형을 찾는 데 필수적이다.

그렇다면 올바른 균형을 어떻게 찾을까? 건물과 건물이 자리 잡은 경관 사이의 관계가 무너진 경우, 즉 경관이 건축적 개입을 통해 풍성해지는 것이 아니라 사라질 위협에 처했는지를 나는 즉시 알아차린다. 이를 감지하는 능력은 이론과 논리가 아니라 지각능력에 대한 믿음에서 나온다.

그런 이유에서 나는 디자이너로서 매번 동일한 절차를 따른다. 마음을 다해 보고 사랑하고 주의를 기울이고 올바른 수치와 균형을 찾고 경관이 건물을 수용할 수 있는지를 알기 위해 경관 속에 자리할 건물의 모습을 끊임없이 상상한다. 경관의 모습을 가늠하기 위해서도 노력한다. 이 역시 이론적 논쟁이 아니라 내면의 평가를 따른다.

마지막으로 경관에 건물을 세울 때 내 마음을 움직이는 열정, 감각, 선호에 대해 말하고 싶다. 무엇보다도 땅과 지형을 사랑해야 한다. 나는 경관의 움직임, 그 형태의 흐름과 구조를 사랑한다. 부엽토의 두께가 얼마나 되는지를 가늠하려고 노력한다. 초원에 툭 튀어나온 바위는 없는지, 지하에 거대한 바위가 있지는 않은지, 그 외에 내가 알지 못하는 것들을 생각하면 흡족하다. 건물을 계획할 때는 대지를 잘 간수하는 것이 중요하다. 지형에 변경을 가해야 한다면 원래 모습이 그런 것처럼 보여야 한다.

경관 속에 무언가를 지을 때 건물의 자재가 그 경관에서 역사적으로 자란 소재와 어우러지게 하는 것이 중요하다. 지어진 건물의 물리적 성질이 그 지역의 물리적 성질과 동일한 울림을 가져야 한다. 나는 장소, 소재, 시공의 관계에 특히 민감한 편이다. 소재와 시공은 장소와 연관성을 가져야 하며 때로는 그 장소에서 나와야 한다. 그렇지 않으면 경관이 새로운 건물을 용납하지 않는다는 느낌이 든다.

예를 들어 외벽의 절연 처리와 칠 마감이 태양 아래서 초라해 보이는 주택을 볼 때면 마음이 아프다. 나는 진정성과 진실성을 가진 소재를 선택하려고 주력한다. 경관 속의 건물은 아름답게 나이를 먹어야 한다.

지형과 소재 다음에는 형태가 있다. 나는 정확하고 선명한 형태를 좋아한다. 불분명하고 부정확한 건물은 보기에 좋지 않다. 여러 번 확인한 사실이다. 추하고 매력 없는 가공물은 언제나 눈에 띈다. 그래서 나는 건물을 설계할 때 자명한 바디와 내부를 가진 건물을 만든다. 경관에 개입한 의도가 보는 즉시 이해되는 건물이다.

마지막으로 건축과 경관의 결합에 대해서 몇 가지 말하고 싶다. 잘 자리 잡은 물체는 나를 끊임없이 매혹한다. 자연 경관에 조각품처럼 서 있는 건물들이 마치 그곳에서 자란 것처럼 보일 때가 있다. 남부 티롤의 아이자크 계곡을 따라 드라이브를 하면 그렇게 행복할 수가 없다. 아름다운 건물들이 곳곳에 보인다. 수도원, 마을, 성, 초원의 작은 헛간. 크고 작은 건물들이 가진 예리하고 뾰족한 외관이 무척이나 사랑스럽다. 절벽에 서 있는 요새처럼 거대한 건물조차도 경관을 해치지 않고 조화를 이룬다.

어떻게 그런 일이 가능한지는 그들만의 비밀인 듯하다. 나를 놀라게 하는 한 가지 사실은 경관과 어우러진 건축물들이 매우 강력한 또는 눈에 띄는 인상을 발산한다는 것이다. 교회나 성, 옹기종기 모인 마을, 댐처럼 규모가 큰 물체도 산과 비교하면 상대적으로 작게 보인다. 결코 자연보다 빛나지 않는다. 오히려 자연의 광채를 이끌어낸다.

알프스 산맥의 적절한 장소에 풍경을 돋보이게 하는 적절한 내용물로 의미 있는 건축물을 누군가가 세운다면 어떨까 혼자서 상상해 본다. 물론 그 일을 원하거나 할 수 있는 건축가는 극히 드물다. 그런 건축가를 전적으로 신뢰하는 클라이언트는 더욱 드물 것이다.

어찌 되었든 내가 가야 할 방향은 분명하다. 새로운 고저高低, 새로운 좌우左右, 새로운 전후前後를 만드는 새로운 장소를 만들고 싶다면 경관에 대한 이해가 내 안에서 솟아나야 한다. 이로써 새로운 랜드마크가 탄생한다. 종종 성공적인 결합이 일어난다. 구조와 경관이 혼합하고 함께 자라며 독창적인 장소를 만든다. 이런 장소는 집처럼 편안한 아우라를 뿜어낸다.

라이스 주택

아날리사는 언제나 목재 주택에서 사는 것을 꿈꾸었다. 아내의 소원을 들을 때마다 그녀가 홀로 지낼 수 있을 법한 아늑한 산장이 떠올랐다. 부부로서 또는 가족으로서 함께 살아온 무수한 세월 동안 우리는 아내가 말하는 다른 방식의 삶을 시도해 보지 않았다. 아내는 집같이 편안한 느낌을 원했다. 다양한 색으로 칠한 목재로 만들어진 방을 떠올렸다. 아내가 원하는 건 스위스 산의 소나무향, 탁탁 소리를 내며 타는 거실 난로, 인간의 몸에 필요한 외피처럼 목재가 지닌 특별한 온기가 아닐까? 의중을 정확히 알 수는 없었지만 아내가 설명한 집에는 특별한 무언가가 있었다. 목재 슬랫, 판재, 합판, 베니어판이 아닌 원목으로 만든 집만이 가진 특별한 인상이었다.

결국 원목 주택이 완성되었다. 해발 1,500m에 위치한 작은 마을 라이스에 세월의 흔적으로 검게 변한 집들 사이로 밝고 환한 목재 주택 두 채가 한 집에 사는 형제처럼 나란히 들어섰다. 지난여름 내내 목수들의 망치 소리가 귓전에서 떠나지를 않았다. 때로는 농기계 소리, 산비탈에서 풀을 뜯어 먹는 염소들의 딸랑거리는 종소리, 회백색의 성야곱 교회 종탑에서 울리는 청명한 종소리와 어우러져 연주회가 열렸다. 다리를 벌리고 작업에 집중하는 작업자들과 눈이 마주칠 때면 금세 미소가 번

졌다. 젊은 작업자들은 벽 위에 서서 해머로 보를 내리쳤다. 두 명이 번갈아가며 망치질을 하면서 리드미컬한 소리를 냈다. 그들은 보의 돌기를 아래의 홈과 단단히 고정하여 벽체가 완성되도록 망치를 머리 위에서 힘차게 내리쳤다.

매끈하게 대패질된 11cm × 20cm × 6.6m 규격의 목재를 층층이 쌓아서 3층 높이의 벽이 만들어졌으며 모서리는 전통적인 도브테일 방식으로 결합되었다. 실제 구조를 고려하여 경우에 따라 핑거조인트 방식으로 결합하기도 했다.

벽보, 천장보, 지붕보, 목재 창틀, 금속 연결 부품, 철제 막대, 아주 긴 나사못, 벽체 고정띠, 타공판, 인장 케이블 등의 부품들은 전처리 후 현장으로 도착했다. 정확한 규격으로 재단된 목재는 한데 묶어서 운송한 뒤에 사용 시까지 비닐로 덮어두었으며 완전히 건조된 목재는 엔지니어들이 정한 적정 습도(내벽 14%, 외벽 17%)를 함유하도록 했다. 보의 모든 구멍, 홈, 장부(이음 부분), 눈금, 연결 부분(제비촉), 턱(돌출부)은 이미 정확한 보의 정확한 위치에 있었다. 두 주택에 사용된 5,000개의 보 가운데 똑같은 것은 거의 없었다. 이번 시공의 핵심은 조립 작업이었다.

보는 현장으로 운송되기 전에 목재회사의 작업장에서 소목용 자동기계로 절삭 과정을 거친다. 우리는 유리창 뒤에 서서 부드러우면서도 딱딱 끊어지는 기계 작업을 지켜보았다. 이미 사면에 대패질 처리가 끝났고 이중홈과 이중돌기가 만들어진 목재는 강력한 가압롤러로 정확하게 운반되어 소목용 기계의 사람 크기 정도 되는 금속 캐빈에서 좌에서 우로 처리되었다. 전후, 상하로 움직이는 톱, 드릴비트, 루터 같은 공구들은 예리함과 훌륭한 정밀도를 보였다.

목재를 현장으로 운송하여 시공하기 전에 목재회사의 엔지니어는 규격에 따라 목재를 재단한다. 엔지니어는 건축가들이 설계를 마치고 컴퓨터에 입력해 놓은 시공 도면의 데이터에 따라 컴퓨터화된 기계에 디지털 정보를 입력한다. 라이스 주택에 있는 대형 창은 벽에서 벽까지, 바닥에서 천장까지 이어진다. 대형 창이 포착한 자연 경관의 이미지가 집 안으로 들어온다.

박스처럼 네모반듯하게 네 개의 벽으로 구성되는 전통 통나무집에는 대형 창이 허용되지 않는다. 벽면에 커다란 구멍이 생기면 안정성이 떨어지기 때문이다.

라이스 주택의 평면을 보면 전통적인 박스 형태의 목재가 다양한 크기와 형태로 다용도실, 계단, 조리실, 화장실, 욕실 등 용도에 따라 결합되어 있다. 이 작은 방들은 평면에서 독립적인 유닛으로 설치되며 각 층의 천장과 수평으로 연결되면서 천장과 다용도실이 건물의 내력구조체가 된다. 여러 다용도실 사이의 공간에 대형 파노라마창이 있다. 마주 보고 서 있는 두 다용도실 사이의 측벽은 경관을 향해 서 있으며 그 사이에 합판재로 만들어진 천장과 바닥이 결합되어 베이창을 만든다.

라이스 주택 작업을 하면서 우리는 전통적인 나무상자 방식의 원리들을 상당 부분 변형했다. 우선 우리 지역의 알프스 농가에서 흔히 메인 거실로 사용되는 나무상자를 훨씬 작은 크기의 다용도실로 바꾸었다. 이런 작은 방들을 단면상에서 서로 겹쳐지게 쌓고 각 층마다 넓은 천장 합판재와 연결시켜서 평면에서 기둥 역할을 담당하게 했다. 벽 끝의 노출 부분은 필요에 따라 철심이나 케이블로 고정했다.

그 결과 널찍한 공간과 채광 좋은 주택 두 채가 완성되었다. 방의 배치 역시 적절한 개방과 밀폐가 있는 탁 트인 공간으로 설계되었다. 집 안을 거닐면 한 장면에서 다른 장면으로 이동한다. 집 전체에서 원목의 존재

감이 느껴진다. 목재는 전체 매스와 가깝고 친밀하며 실크처럼 부드럽고 광택이 있으며 빛을 받아 번쩍거린다.

목재는 천천히 건조되면서 수축하고 있다. 앞으로 몇 년 뒤면 층고가 2~3cm 정도 낮아질 것이다. 그러나 창, 문, 계단, 배관 파이프, 붙박이장은 있어야 할 자리에 목재의 움직임을 충분히 고려하여 설치되어 있다.

사물을 보는 방식
1988년 11월 미국 산타모니카 남캘리포니아 건축대학 강연.

아름다움의 핵심
1991년 12월 슬로베니아 피란 심포지엄 강연.

사물을 향한 열정에서 사물 자체로
1994년 8월 핀란드 알바알토 심포지엄에서 〈근본의 건축〉 강연.

건축의 몸
1996년 10월 스웨덴 스톡홀름 심포지엄에서 〈형태는 아무것이나 따른다〉 강연.

건축의 교육과 학습
1996년 9월 스위스 멘드리시오 건축대학 강연.

아름다움은 형태가 있는가?
1998년 11월 스위스 취리히 공과대학 건축학부에서 진행한 〈베누스타스〉(아름다움)에 대한 주제 강연(내용 일부 수정).
인용된 시 〈알파벳〉: 잉에르 크리스텐센,《지구를 향한 경외감에 대한 화학 시: 시작도 없고 끝도 없음 가운데》, 페터 워터하우스 편(잘츠부르크와 빈: 레지덴츠 출판사 Residenz Verlag, 1997).

실체의 마법
2003년 12월 10일 이탈리아 페라라 대학교 건축학부 명예건축박사학위 수여식 연설.

경관 속의 빛
2004년 8월 13일 스위스 키아소 바 팔레나에서 스위스 국립 연구 프로젝트 〈빛이 있으라 Fiat Lux〉를 위해 준비한 강연 원고.

건축과 경관
2005년 2월 25일 이탈리아 볼차노에서 개최된 〈경관 속의 건축〉에 대한 컨퍼런스에서 원고 없이 강연.

라이스 주택
기고문. 디에고 지오바놀리,《집이 있었다 Facevano case》(말란스/쿠어: 프로 그리지오니 이탈리아 Pro Grigioni Italiano, 2009) pp.390-392.

페터 춤토르

1943년 스위스 바젤에서 출생. 아버지가 운영하던 목공소에서 가구공 훈련, 바젤 공예학교에서 디자이너 과정 수학, 뉴욕 프랫 인스티튜트에서 건축 과정 수학. 1979년에 스위스 할덴슈타인에서 건축사무소 개설. 2009년 건축 분야의 노벨상이라 일컬어지는 '프리츠커상'을 수상했다.

주요 작품

1986년	스위스 쿠어 로마 유적 발굴 보호관
1988년	스위스 숨비츠 성베네딕트 교회
1993년	스위스 쿠어 마산스 노인 요양시설
1996년	스위스 발스 온천
1997년	오스트리아 쿤스트하우스 브레겐츠
	독일 공포의 지형 박물관 일부 시공(재정 문제로 2004년에 철거)
2000년	독일 하노버 엑스포 스위스관, 스위스 사운드박스
2007년	독일 쾰른 콜룸바 뮤지엄, 독일 바겐도르프 브루더 클라우스 필드 채플
2009년	스위스 발스, 아내 아날리사와 페터 춤토르를 위한 라이스 목조 주택인 운터후스와 오버후스

옮김 **장택수**

아주대학교 건축학과, 한동대학교 통역번역대학원을 졸업하고 전문번역가 및 동시통역사로 활동하고 있다. 문학, 영화, 디자인, 음악을 좋아하며 깊이와 감동이 있는 번역을 지향한다. 옮긴 책으로는 《선하게 태어난 우리》, 《건축학교에서 배운 101가지》, 《광장》, 《지미 카터의 위즈덤》, 《나는 희망을 던진다》 등이 있다.

감수 **박창현**

부산대학교 미술대학과 경기대 건축전문대학원을 졸업했다. (주)건축사사무소 SAAI의 공동대표를 거쳐 지금은 경기대학교 건축학과 겸임교수와 (주)에이라운드 건축 대표를 맡고 있다. 2009년 〈SKMS 연구소〉로 건축가협회상을 공동수상하였으며, 〈나무 282〉, 〈아틀리에 나무생각〉, 〈아웅산 순국사절 기념비〉 등의 작업을 통해 건축적 담론을 펼쳐나가고 있다.

페터 춤토르
건축을
생각하다

초판 1쇄 발행 2013년 10월 31일
초판 6쇄 발행 2025년 4월 1일

글 페터 춤토르
옮김 장택수
감수 박창현
펴낸이 한순 이희섭
펴낸곳 (주)도서출판 나무생각
편집 양미애 백모란
디자인 박민선
마케팅 이재석
출판등록 1999년 8월 19일 제1999-000112호
주소 서울특별시 마포구 월드컵로 70-4(서교동) 1F
전화 02-334-3339, 3308, 3361
팩스 02-334-3318
이메일 book@namubook.co.kr
홈페이지 www.namubook.co.kr
블로그 blog.naver.com/tree3339

값은 뒤표지에 있습니다.
잘못된 책은 바꿔 드립니다.

ISBN 978-89-5937-346-8 03600
값 26,000원